用五六分的力气，
过刚刚好的人生

马一帅 著

台海出版社

图书在版编目(CIP)数据

用五六分的力气,过刚刚好的人生 / 马一帅著. —北京:台海出版社,2016.12

ISBN 978-7-5168-1241-9

Ⅰ.①用… Ⅱ.①马… Ⅲ.①人生哲学–通俗读物 Ⅳ.①B821-49

中国版本图书馆 CIP 数据核字(2016)第 294902号

用五六分的力气,过刚刚好的人生

著　者:马一帅	
责任编辑:王　萍　赵旭雯	
装帧设计:天下书装	版式设计:通联图文
责任校对:王　杰	责任印制:蔡　旭

出版发行:台海出版社
地　址:北京市东城区景山东街 20 号　邮政编码:100009
电　话:010-64041652(发行,邮购)
传　真:010-84045799(总编室)
网　址:www.taimeng.org.cn/thcbs/default.htm
E-mail:thcbs@126.com
经　销:全国各地新华书店
印　刷:北京高岭印刷有限公司
本书如有破损、缺页、装订错误,请与本社联系调换

开　本:880mm×1230mm	1/32
字　数:200 千字	印　张:9
版　次:2017 年 1 月第 1 版	印　次:2017 年 1 月第 1 次印刷
书　号:ISBN 978-7-5168-1241-9	

定　价:36.00 元

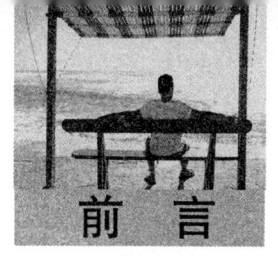

1

记得电影《本杰明·巴顿奇事》中有这么一句台词："人生从不会太年轻或者太老，一切都刚刚好。"

在一档电视节目中，主持人问马云，如果你的人生可以重来，你有什么遗憾需要弥补？马云只是淡淡地说，我的人生一切都刚刚好。

马云的创业阶段也是遭遇过很多挫折的。在40岁后他的事业才有起色。如果生命可以重来，他大可以去避开那些挫折，而选择一条更加平坦的成功之路。但，他只是淡淡地说，一切都刚刚好。这个一切包括了成功，当然也包括过去所有的挫折和痛苦。

马云当然不希望遭遇那些痛苦和挫折，但是他知道，那些痛苦和挫折是生命必须经历的，尤其是一个创业的人必须经历的。而创业的人即使经历了挫折，也未必能成功。所以他是幸运的。他之前的挫折都是化蝶的痛苦。没有这种痛苦，他今天的成功就少了很多光彩。

有人说，没有经历过挫折的人生是不完整的，没有经历过痛苦的人生是不深刻的。当然，这么说不是美化痛苦，而是让我们接纳过去的不完美，正是因为有这些缺憾，我们才懂得珍惜生命中的那些美好。

2

我遇到过很多人，他们总是抱怨生活中的种种不如意。其实，引起人不愉快情绪的并非发生的事，而是你对这件事的看法。同样的事情，换一个角度就有不同的解读。那些遭遇的痛苦，我们可以将其看作成功的铺垫。

当然，还有一种超然的智慧，接纳过去，看淡名利得失，这种智慧的名字就叫"一切都刚刚好"。

生活赋予我们的，不可能那么均等；评判我们人生的，也不是别人的眼睛。要书写我们的历史，只有靠我们自己；踩出人生的脚印，也只能靠我们的自身。不要叹息命运的坎坷。因为大地的不平衡，才有了河流；因为温度的不平衡，才有了万物生长的春夏秋冬；因为人生的不平衡，才有了我们绚丽的生命。

慢慢地明白，人生，原来就是一个懂字。世界很大，个人很小，没有必要把一些事情看得那么重要，生活的过程中，总有不幸，也总有伤心，就像日落、花衰一样自然；有些事，你越是在乎，痛得就越厉害。放开了，看淡了，疼痛也就慢慢淡化了。只是，我们总是事后才明白，懂生活很难，会生活更难。

每个人都有孤独的时候。很多人并不是你想象中那般光鲜亮丽，因为他们不为人知的孤独你都没有看到。不要因为一时的空虚打乱了你的坚持和思想。我们都是一样的，要学会承受人生必然的孤独。走过了，才能看见美好。

3

人生本就是一场向前的旅行，谁在前进的路上多看了几道风景，谁在坎坷的途中多行了几步，这些都是活在世上的价值所在。生命，本就承载了太多的遗憾与无奈，没有必要责怪自己太多，给心灵一丝绿意，给他人一抹微笑，无关月圆月缺，不管缘来缘去。

生命中最值得欣慰的，莫过于一觉醒来，你发现太阳还在，你还活着，周围的一切依旧美好。

想想那些生病的人，那些残疾的人，那些正在遭受灾难和不幸的人，我们还有什么理由抱怨生活？

心存感激地生活吧。生命是最宝贵的礼物。爱你所爱的人，温柔地对待一切，不要因不幸而怨恨和悲戚。无论前途怎样凶险，都要微笑着站定，因为有爱，我们不该恐惧。

没有什么烦恼可以不随风而逝，没有什么纠缠可以不平复如初。人生不必过于计较，要看得开，放得下。

不管昨天、今天、明天怎样，心情能豁然开朗就是美好的一天。烦也好，恼也好；得也好，失也好，记得你的人生刚刚好。

目 录

CONTENTS

第一章

人生如果是"十分"，我渴望这样度过

人生如果是十分，我渴望这样度过：三分是遥不可及的理想，三分是别人口中不争的现实，三分是自己无所畏惧的追求，剩下一分就留给偶尔的忐忑不安、颓废消极或怠慢逃避。

1. 从童年到老年，谁都无法否定梦想

人们对梦想总是持一种鄙夷或不屑的态度，但实际上，从童年到老年的所有人，谁都无法否定梦想。

曾有三名瓦工，在炎炎烈日下同样辛苦地建造一堵墙。一个行人问他们："你们在干什么？"

"我在砌墙。"一人答道。

"我干1小时活，挣5元工钱。"第二个瓦工答道。

行路人又稍向前走了几步，来到第三个瓦工面前，提出相同的问题。第三个瓦工仰望着天空，以富有梦想的表情凝视着远方，答道："我正在修建一座大教堂，一座对本地区产生巨大精神影响的、能够与世长存的教堂。"

多年以后，前两个瓦工庸庸碌碌，无甚作为，还在砌墙，而第三个瓦工则成了一位享誉世界的建筑工程师。

对于一个人而言，在确定目标之前，很难向前迈进。没有目标的人，只能在路上不断地徘徊，就像拉磨的驴子，结果只能是漫无目的地生活。

早期的登月人埃温德·奥尔德林在登月成功后，曾一度精神崩溃。事后他在一本书中写道，导致他精神崩溃的原因是他

忘了登月之后仍然要活下去。登月，人类多少世纪以来的梦想，在他那里实现了，人生到此还能有什么追求呢？失去生活的目标，正是他无法生活下去的原因。

许多人认为目标制定出来了，就可以安心躺下睡觉了，但事实上，制定目标不应该只有一次，周围的情况在变，个人的观点也在变，制定出来的目标也应该时时加以检查，以发展的眼光来评估。花一些时间来考虑、评估、修正自己的目标是十分必要的。不要让工作累坏了头脑，也不要让自己看不清目标。要记住，调整好目标和努力一样重要。

如果人生没有目标，就好比整个人陷在黑暗当中，不知道哪里才是方向。人生要有目标，一辈子的目标，一个时期的目标，一个阶段的目标，一个年度的目标，一个月份的目标，一个星期的目标，一天的目标……一个人追求的目标越高越直接，他进步得就越快，对社会也就越有益。有了崇高的目标，再加上矢志不渝的努力，没有什么不能成为现实。

如果将心理学家的结论用哲人的语言来表达，那就是，伟大的目标构成伟大的心灵，伟大的目标产生伟大的动力，伟大的目标塑造伟大的人物。

一次，考克斯和约翰一起进行了一次凌晨穿越伦吉提大平原的飞行。景色非常优美，他们能看见大象、狮子和大群羚羊穿过整个平原。

"羚羊的数量这么大，真是一件好事啊！"他们的非洲导游注意到他们正盯着那一大群羚羊时。说道，"否则，这个物种很快就会灭绝。"

　　考克斯问他为什么这么说，他笑了，然后指着一头停止奔跑的羚羊说："你将会注意到那头羚羊跑不了多远了。它停下来不是因为意识到有什么重要的事情需要思考，也不是因为它累了，是因它太愚蠢以至于忘记了当初它为什么要奔跑。它发现了天敌，本能地逃开，开始向相反的方向跑。但是它忘记了是什么促使它奔跑，甚至有时候是在最不适当的时候停下来。我曾经看见它就停在天敌旁边，有时甚至向某个天敌走过去，似乎它已经忘记了这是同一种在几分钟以前让自己惊慌失措的动物。它就差冲上去说：'嘿！狮子先生，你饿了吗？在找午餐吗？'如果不是有一大群羚羊的话，我想这整个种群将在几个星期之内被消灭干净。"

　　当时，考克斯在热气球上尽情地嘲笑那些羚羊，而在这次飞行结束以前，他有了一个很有趣的想法——在现实的商业世界中，同样的现象是经常出现的。

　　很多人有规律的举动是不是让你想起了那些羚羊？他们有不错的主意，他们为自己设立了一个目标，而且为这个目标努力了一天或者仅仅半天。也许他们只是谨慎地四处溜达了40分钟罢了。40分钟以后，他们发现自己并没有达到目标。然后他们就会对自己说："嘿，这太难了，比我想象的难多了。"接着他们就会停在那里一动不动。

　　为了避免羚羊思维，你必须确定一个目标，然后坚持不懈地向它努力，这时候你会不想在路上停下来；而且当你的天敌逼近的时候，你当然更不想停下来。每天工作结束的时候，你必须好好总结一下，并且问自己："距离我为自己设定的主要目标，今天我又近了多少？"如果你对这个问题的真实回答是，今天你没有为达到目标做出什么有意义的行动，也就是说今天你停在路上，那么你必须决心从明天开始让自己振作起来。

2. 现实不是逆来顺受，而是要主动承受

　　每个人其实都有改变自己命运的机会，关键看我们肯不肯为这个机会付出代价，如果我们视而不见，那么就不要抱怨生活的不公。总是逆来顺受地工作，不如主动承担工作中的义务，主动承受生命旅途上的痛苦，这个机会就在主动承担的过程中出现，也靠我们主动承担来抓住。

　　一个具有成功潜质的人，在他受到任何打击的时候，他总能保持一份气定神闲、不气馁不放弃的精神，在困境中继续向前，抓住光明，寻找机会，最终创造出令人惊叹的成绩。

　　金水泉的右腿因先天性小儿麻痹症萎缩无力，他并没有为此长吁短叹，也并没有觉得老天爷对于他是多么不公，而是付出了更多的努力去获得与正常人平等的机会。他在萧山第二印刷厂跑供销业务的时候，就是凭借着自己不服输的精神，使得

自己的业务量在全厂数一数二。

后来，他的事业有了一定的基础，生活日渐好转起来，却突然发生了一次意外事故，左腿被压断。为此，他失去了自己的工作，同时背上了一万多元的债务，他的人生仿佛滑落到了最低谷。

但是，他此刻却做出了一个让人意想不到的决定：借款创办彩印包装厂。建厂之初，他由自己的妹夫骑自行车载着他，一家家上门去找客户。经过不懈的努力寻找客户，把关质量，不到半年的时间，他就还清了所有债务。

这个世界上总有比我们更加不幸的人。当我们顾影自怜时，比我们更加不幸的人可能正在用乐观的态度接受命运的洗礼，以一种积极的心态向着命运挑战。处境相同的两个人，逆来顺受的那个可能沦落成了乞丐，主动承受的那个却有可能有所成就。

有人说："一个人如果一辈子不遇到些事情，有可能永远是平凡的人。"然而，很多"遇到事情"的人有可能会选择逆来顺受，在这些"事情"中沉沦；只有当他选择勇敢地主动承受的时候，他才能够成为不平凡的人。

1960年的1月，安东尼·布尔盖斯40岁的时候，得知自己患了脑癌，医生预言他只能活过当年夏天了。由于破产，他没有任何东西可以留给自己的妻子琳娜，而她马上就要成为一个寡妇了。虽然布尔盖斯明白他的生命即将凋零，但是他知道自己必须和命运搏斗。

布尔盖斯虽然靠做生意维持生计，但他从小就有写作的爱好，为了给妻子琳娜留点钱，他开始尝试写小说。他不知道自己写的东西能否出版，然而他别无选择。

那段时间，布尔盖斯拼命写作。在新年的钟声敲响之前，他竟然不可思议地完成了五部小说——这个数字接近英国小说家福斯特毕生的创作，两倍于美国小说家塞林格的创作。对于这一惊人的小说产量，布尔盖斯事后把它归功于自己只想尽可能多地写，以期能用稿费为妻子留些钱。

然而最后，布尔盖斯并没有死。癌细胞正逐渐消失，他的病情得到了缓解。从此之后，小说创作成为布尔盖斯毕生的职业。他一生写了70多部书，算得上是一个极为高产的作家，其中《发条橙》是他的代表作。然而如果没有那个可怕的死亡预言，他也许根本就不会从事写作。

遇到事情，如果我们逆来顺受，只抱着消极的心态抱怨命运不公，那么，我们将变得更加平庸。任何成功者都不是天生的，他们因为不甘平庸，所以选择奋斗。著名的推销员乔·吉拉德在35岁的时候，他依然不能养活自己的妻子儿女，但他并没有放弃，而是选择承受生活中的一切压力，最终在汽车销售领域取得了巨大成就。

选择主动承受其实就是选择让挫折打磨自己。俞敏洪说过："成功是磨出来的。"在困境中，如果我们连主动承受的勇气都没有，那么成功就永远不会到来。生命中的每段经历，都蕴藏着一个自我提升的机会，我们选择相信自己，就一定会有所成就，就像人们常说的那样，心有多大，舞台就有多大。

3. 肯定自己，感受直达灵魂的微笑

人在个体上存在差别——体力有强弱之别，智力有高低之分。这是因为在激烈的社会竞争中，难免会产生强弱差异。在这种有形无形的划分中，我们也有意无意地把自己摆放在一个特定的等级上，这样，难免就会有人自信，有人自卑。

难道强弱真的就这样一成不变吗？

一匹掉队的斑马不安地四处张望着。一只饿了一天的狮子发现了这匹斑马，于是它借着草丛的掩护，潜行到了斑马后面。斑马还没有发现，狮子突然闪电般地蹿出去，冲向那只斑马，斑马这时才知道危险临近，它本能地闪躲狮子的攻击。

狮子第一回合扑了个空，转身再度扑来，斑马拔腿狂奔，闪进一处灌木丛里。在灌木丛里追逐猎物可不是狮子所长，它在外面搜寻了一会儿，低吼几声，蹒跚地回到原来的土丘上。

这是一场模拟出来的草原竞争。虽然是模拟，却是事实——狮子是草原上的强者，很多动物根本不是它的对手。还

有些动物，一看到它就四肢无力，瘫在地上等待生命的结束。

和狮子比起来，斑马是弱者；除斑马之外，草原上还有许多弱者，可是，这些弱者至今仍然存在。可见，在动物的世界里，没有绝对的强者和弱者，强弱只是相对的。这是一种生态平衡，也可以这么说，在动物世界里，弱者也有属于自己的一片天空！

在人的世界里，也没有绝对的弱者。在田径场上，跑得快的便是强者；在考场上，分数高的便是强者！可是，田径场上的强者并不一定是考场上的强者，考场上的强者也不一定是商场上的强者！因此，所谓的"优胜劣汰"只描述了一部分的真实，这句话并不是真理，如果错误地理解它，那么自认为"弱者"的人就一辈子没有出头之日了。

强者和弱者在社会中扮演的角色不同，所以二者的心理状态也完全不同。强者心态的基本出发点是"竞争"——一张馅饼谁能抢到就属于谁，而弱者心态的基本出发点是"平等"——一张馅饼应该大家平分，倚强欺弱是不道德的。一个具有强者心态的人，其基本标志就是有向更强者挑战的雄心。

当遭遇挫折或者失败的时候，弱者喜欢找比自己差或者渺小的人或事物作参照物，以此安慰自己还不是最差的一个。强者则相反，他们会找比自己更强大、更有深度的人或事物作为参照物，以认清自己渺小和不足的地方，重新找到自己的方向并振作起来。

1946年，一个名不见经传的汽车小厂"丰田"立下雄心，制订了向当时的汽车王国——美国挑战的计划。作为战败国，"丰田"公司在资金上、技术上还不能与实力雄厚的美国汽车大公司相比，而且在1949年以前，驻日本盟军司令部还禁止日本制造汽车，但这些都没有阻止日本人向美国汽车发起挑战的雄心。30年后，日本"丰田"汽车也成了家喻户晓的名牌。

日本"尼康"公司原是生产军用望远镜的军工企业，日本战败后不得不"军转民"，开始转产民用照相机。当时世界上的照相机王国是德国，"尼康"公司就把自己的产品定位于赶超德国照相机。30年后，日本照相机击败德国照相机。可以说，现在世界上的高档照相机有90%都是日本产品。瑞士曾是世界上的手表王国，日本的"精工"等公司又把产品目标放在赶超瑞士手表上，后来成为世界第一手表生产国。

总之，在社会生活中，实力最强的不一定是生存能力最强的。只要存在竞争和无数的竞争对手，实力最强的也可能最先消亡，而实力最弱的如果能够觅得良机，也极有可能获得最终的胜利。在职业生涯中，能力最优者也未必就会成就事业，因为其面临的竞争最多，在不断的反复博弈中，最终可能会由于其他原因败下阵来。而能力弱者如果能潜心修炼，也有可能获得最后的成功。

我们常常会看到一些弱者，他们总是不停地抱怨。而强者几乎从来不向别人抱怨，他们认为抱怨解决不了任何问题。弱者与强者的不同之处在于，弱者的嘴巴比行动能力强，而且二者几乎成反比；强者的行动能力也没有嘴巴强，但二者的差距不会太大。

每一片树叶都有正反两面，平滑光洁的正面迎着太阳，吮吸阳光雨露，使树木焕发勃勃生机，欣欣向荣。其实人也一样，有阳面和阴面，不要总是向着阴面悲观叹息，只要转过身来，肯定自己，你就会心生阳光，迎接你的就是一个光辉灿烂的世界。

有一个小男孩，刚出生就被父母遗弃了，一直生活在孤儿院里。他非常悲观，总是无精打采地问院长："院长，你说人活着究竟有什么意思呢?"院长总是笑而不答。

有一天，院长交给小男孩一块石头，说："明天早上，你拿着这块石头到菜市场上去卖，但不是真卖，记住：无论别人出多少钱，你都不能卖。"

第二天，小男孩就拿着石头来到市场上，找了一个角落蹲下来。没多久，就有不少人对他的石头产生了感兴趣。第一个人说："小孩，3个金币卖不卖?"

另一个人则说："我出5个金币!"第三个人大喊："卖给我，我愿意出10个金币!"价钱越抬越高，小男孩其实已经动心了，10个金币对他来说是多大的一笔财富啊！可是，小男孩牢牢记着院长的话，怎么也不肯卖。

回来后，小男孩兴奋地向院长报告了这天的事情，院长说："明天你再拿到黄金市场去卖。"

第三天，在黄金市场上，有人竟然肯出比昨天高10倍的价钱来买这块石头。小男孩还是没有卖。

第四天，院长叫小男孩把石头拿到珠宝市场上去展示。结果，石头的身价又长了10倍，而且由于小男孩怎么都不肯卖，一传十，十传百，这块石头竟被传为"稀世珍宝"。

最后，小男孩兴冲冲地捧着石头回到孤儿院，把这一切都告诉了院长，他问："为什么会这样呢？它只是一块很普通的石头啊！"这回院长没有笑，他望着孩子慢慢说道："孩子，其实生命就像这块石头一样，在不同的环境下就会有不同的价值。这块不起眼的石头，仅仅由于你的珍惜而提升了它的价值，竟被传为稀世珍宝。你不就像这块石头一样吗？只要你自己看重自己，珍惜自己，你的生命就是有意义的，你活着就是有价值的啊。"

纳粹德国某集中营的一位幸存者维克托·弗兰克尔说过："在任何特定的环境中，人们还有一种最后的自由，那就是选择自己态度的自由。"

一种商品的价值是通过它的价格体现的，而人的价值却是由态度来决定的。用积极的态度肯定自己，你就会拥有积极的人生；用消极的态度否定自己，你最终只能拥有消极的人生。

肯定自我的需要常常会受到自卑和自我意识的破坏，最佳的解决方法就是积极地行动起来，建立强大的自尊。在任何时候，都不要放弃自信，而要勇敢地肯定自己。

大家都知道贝多芬是个世界闻名的音乐家，可是很多人都不知道，贝多芬在学习小提琴的时候也有过失败的经历。当时，他宁可拉他自己创作的曲子，也不肯做技巧上的改善，他的老师批评他说："你以后肯定当不了作曲家。"

歌剧演员卡罗素的声音为很多人熟悉。但当初他的父母希望他能当工程师；而他的老师对他的评价则是："他那副嗓子是不能唱歌的。"

达尔文当年决定放弃行医时，遭到父亲的指责："你放着正经事不干，整天只管打猎、捉狗捉虫子的。"达尔文自己也曾说过："小时候，所有的老师和长辈都认为我资质平庸，我与聪明是沾不上边的。"

爱因斯坦直到4岁时，才学会说话，7岁才会认字。老师给他的评语是："反应迟钝，不合群，满脑袋不切实际的幻想。"为此，他有了退学的经历。

法国化学家巴斯德在读大学时表现并不突出，他的化学成绩在全班同学中排到最后。

牛顿在小学时成绩很糟糕，曾被老师和同学嘲笑为"呆子"。

《战争与和平》的作者托尔斯泰读大学时因成绩太差，而被劝退学。老师评价他说："既没有读书的头脑，又缺乏学习的兴趣。"

试想，上述成功者如果不是坚持自己，肯定自己，那么，世界上岂不是会少了很多璀璨的名人大家。所以，一定要相信自己，相信自己的能力和自己的判断，找准自己的位置，该坚持的时候一定要坚持，也许再走一步就是一片艳阳天！有关研究结果揭示出，那些积极肯定自己、激发生命潜能的人，正是可以在人生中得到丰厚回报的人。

刘墉先生说过："虽然不是每个人都可以成为伟人，但每个人都可以成为内心强大的人。内心的强大，能够稀释一切痛苦和哀愁；内心的强大，能够有效弥补你外在的不足；内心的强大，能够让你无所畏惧地走在大路上，感到自己的思想高过所有的建筑和山峰！"

在生活的道路上，我们总会遇到各种各样令人烦恼的事情和不计其数的对手。于是，我们开始绞尽脑汁地想着与这些对手较量。在这些较量中，有些人成了我们的朋友，有些人成了我们的"敌人"。然而在不知不觉中，我们总是忽略那个最大的"敌人"和朋友——自己。

其实，自己是自己最大的"敌人"。我们只有用积极的态度不断地肯定自己，才能在一次次感受失败的苦涩后战胜自己、超越自己，使生命在行走的年轮中感受激情，感受成功，感受自己那直达灵魂的微笑。

4. 改变不了环境，就改变自己

改变周围的环境，想必是很多人都有过的梦想。比如，我们会抱怨周围的卫生环境太差了，但是看到遍地的垃圾，自己也会把手里的废纸随手一丢，还会安慰自己说反正已经脏成这样了，也不多一张废纸。也许，大多数人和你抱着同样的想法，但如果我们每个人都从改变自己做起，卫生环境不就改观了吗？

面对一大片环境，作为个体，我们是无能为力的，但是我们可以改变自己。

很久以前，人类都是赤脚行走的。一位国王去偏远的乡间旅游，路上有很多碎石头，把他的脚硌得生疼，他大怒，回到皇宫后，就下令将国内所有的道路都铺上一层牛皮。他觉得这样做，不仅自己不再受苦，全国老百姓也都可以免受石头硌脚之苦了。

愿望是好的，问题是哪里来那么多牛皮？就算把全国所有的牛都杀了，也筹措不到足够的皮革，这还没有算上用牛皮铺路所花费的金钱、动用的人力。但既然是国王的命令，谁都不敢说个"不"字。

就在大家为此发愁的时候，一个聪明的大臣大胆向皇帝谏言说："国王啊！为什么您要劳师动众，牺牲那么多头牛，花费那么多金钱呢？您何不用两小片牛皮包住您的双脚，这样不就免受石头硌脚之苦了吗？"

国王一听，当下醒悟，于是立刻收回命令，改用这位大臣的建议。据说，这就是现代"皮鞋"的由来。

可见，想改变世界，很难，而改变自己则容易得多。与其改变全世界，不如先改变自己。当你改变了自己，你眼中的世界自然也就跟着改变了。所以，如果你希望看到世界改变，那么第一个必须改变的就是自己。

在英国威斯敏斯特教堂的地下室，圣公会主教的墓碑上写着这样的一段话：

"当我年轻的时候，我的想象力没有受到任何限制，我梦想改变整个世界。

"当我渐渐成熟明智的时候，我发现这个世界是不可能改变的，于是我将眼光放得短浅了一些，那就只改变我的国家吧！但是这也似乎很难。

"当我到了迟暮之年，抱着最后一丝希望，我决定只改变我的家庭、我亲近的人——但是，唉！他们根本不接受改变。

"现在在我临终之际，我才突然意识到：如果起初我只改变自己，接着我就可以改变我的家人。然后，在他们的激发和鼓励下，我也许就能改变我的国家。再接下来，谁知道呢，或许我连整个世界都可以改变。"

当我们没有能力去改变环境的时候，尤其是环境不利于我们的时候，就改变自己，这是一种智慧，一种策略。

《伊索寓言》中有一个故事：一阵狂风，把一棵大树连根拔起。大树看到旁边池塘里的芦苇就问："为什么这么粗壮的我都被风刮断了，而这么纤细的你却什么事也没有呢？"芦苇回答说："我知道自己软弱无力，就低下头给风让路，避开了狂风的冲击；而你却拼命抵抗，结果被狂风刮断了。"

我们应该活得像芦苇，尽管软弱，但有智慧。面对狂风卷来，不是试图与之对抗，而是伏下身子，低头弯腰，化险为夷。更重要的是，积蓄力量，在机会到来之时，进行全力冲刺。

刘虹大学毕业时国家仍然分配工作，她被分配到了一个偏远的小山区当教师，不仅条件差，工资更是少得可怜。其实，刘虹在校成绩不错，擅长写作，还曾担任过学校文学社的社长。现在被分到这样一个破地方，她整天愤愤不平，对工作没有热情，连一向爱好的写作也没了兴趣。整天琢磨着"跳槽"，幻想能有机会调一个好的工作环境，拿到一份优厚的报酬。两年过去了，她的工作没有任何起色，写作也荒废了，她也变得郁郁寡欢。

这天，学校开运动会，连附近的村民都来观看，小小的操场被围得水泄不通。她来晚了，站在后面，踮起脚也看不到里面热闹的情景。这时，身旁一个很矮的小男孩儿吸引了她的视线，只见他一趟趟地从远处搬来砖头，在那厚厚的人墙后面，耐心地垒着一个台子，一层又一层，足足垒了半米多高。他刚登上台子，就冲刘虹粲然一笑，掩饰不住的是成功的喜悦和自豪。

刹那间，刘虹的心震动了一下，操场上的环境已经不能改变了，自己只是站在外面唉声叹气，抱怨自己来晚了。而小男孩儿，却懂得垒一个台子，改变自己的高度，去欣赏比赛。她一直在抱怨被分的地方是多么差劲，但是却不曾想到改变自己，她为自己以前的做法感到惭愧。

从此以后，她满怀激情地投入到工作中去，踏踏实实，一步一个脚印。很快，她便成了远近闻名的教学能手，编辑的各类教材接连出版，各种令人羡慕的荣誉纷纷而至。两年后，她被调至自己颇喜欢的一所中专任职。

自然发展规律告诉我们：物竞天择，适者生存。只有不断调整自身适应环境，人才能获得巨大发展。

5. 扩大内心的格局

人生总有这样的时刻：走到某一步，好像突然被"卡"住了，怎么也走不出去。

眼前的一念一境，仿佛具有超凡的"魔力"，使你无法走到另外一个阶段。这就是佛家所谓的"局"。所谓"当局者迷"，"一叶障目，不见泰山"，说的就是这种情况。

人受限于眼前之"局"，昭示着人生的大被动。这种"卡"跟"限"，可能体现在外在，即环境的制约，也可能体现在内在，即人的心情、信念、价值、智慧、胆识等的限制。

但是归根结底原因都在内在。因为即使是环境的制约，只要你勇于将眼界拓宽，到更广阔的空间里去，外在的制约也会消失。

1890年，工程师杰拉德·飞利浦将一座破产的工厂买下，生产碳丝灯泡。

但是他只懂技术，不善经营，到了第四年，就再也经营不下去了，打算把工厂清产出售，但别人只肯出极低的价钱。这时，他21岁的弟弟安东·飞利浦出山。安东一上任就做出十分重要的决定：跳出狭小的荷兰，到面积广大、人口众多但还处于落后地方的俄国去！

一到俄国，他就得到了极好的机会：不仅市场广阔，而且当时的沙皇亚历山大二世正开始促进俄国的现代化。所以他的新产品一下子便得到了俄国人的青睐。当他把得到50000个灯泡订单的电报打回荷兰时，他哥哥根本不相信，甚至打电报询问："是否5000个之误？"飞利浦公司后来终于成为了闻名世界的大公司。

一位哲人说："人生是一场盛宴，绝不只是一道好菜。"

确实，生活比我们所感受的要广阔得多，尚有更多、更新的体验有待探索，许多更好的东西有待我们去尝试。

遗憾的是：许多人总是看不到这一点，或者，小得即喜，不去进一步开拓，或者，认定现有的状况就是永远的状况，即使一点也不满意，也甘于"认命"。

这样的人生，不要说对盛宴毫无感觉，甚至连一道好菜也品尝不到。

正如《菜根谭》中所讲的："德随量进，量由识长。故欲厚其德，不可不弘其量，欲弘其量，不可不大其识。"翻译成我们今天的话，就是：有什么样的人生格局，就有什么样的人生结局。

几个人在岸边岩石上垂钓，一旁有几名游客在欣赏海景之余，围观他们钓上来的鱼，口中啧啧称赞。

只见一个钓者竿子一扬，钓上来一条大鱼，约三尺来长。落到岸上后，那条鱼依然腾跳不已，钓者冷静地解下鱼嘴内的钓钩，顺手将鱼丢回海中。

围观的众人发出一阵惊呼，这么大的鱼犹不能令他满意，足见钓者的雄心之大。就在众人屏息以待之际，钓者鱼竿又是一扬，这次钓上的是一条两尺长的鱼，钓者仍是不多看一眼，解下鱼钩，便把这条鱼放回了海里。

第三次，钓者的鱼竿又再次扬起，只见钓线顶端钩着一条不到一尺长的小鱼。围观的众人以为这条鱼也将和前两条大鱼一样，被放回大海，不料钓者将鱼解下后，小心地放进自己的鱼篓中。

游客中有一人百思不解，追问钓者为何舍大鱼而留小鱼。

钓者经此一问，回答道："哦，那是因为我家里最大的盘子只不过有一尺长，太大的鱼钓回去，盘子也装不下……"

舍三尺长的大鱼而宁可取不到一尺的小鱼，这是令人难以理解的取舍，而钓者的唯一理由竟是因为家中的盘子太小，盛不下大鱼！

在我们的生活经历中，其实也存在许多类似的例子。例如，很多时候，我们有一番雄心壮志时，就习惯性地提醒自己："我想得也太天真了吧，我只有一个小锅，煮不了大鱼。"

因为自己背景平凡，而不敢去梦想非凡的成就；因为自己学历不高，而不敢立下宏伟的大志；因为自己自卑保守，而不愿打开心门，去接受更好、更新的信息……凡此种种，我们画地为牢、故步自封，既挫伤了自己的积极性，也限制了自己的发展，造成了一辈子的平庸无能。

那些人生篇章舒展不开，无法获得大成就的人，大多是没有大格局的人。所谓大格局，就是以长远的、发展的、战略的、全局的眼光看待问题，以博大的胸襟对待人和事。对一个人来说，格局有多大，这辈子的成就就有多大。那些想成大业的人需要高瞻远瞩的视野和不计小嫌的胸怀，需要"活到老学到老"的人生大气魄。古今中外，但凡成就伟业者，他们都是一开始就从大处着眼，一步步构筑他们辉煌的人生大厦的。

如果把人生比作一盘棋，那么人生的结局就由这盘棋的格局所决定。人生中的每一次博弈，就如在对弈中的舍卒保车、舍车保帅、飞象跳马等种种棋着一般。相同的将士象，相同的车马炮，却因为下棋者的布局而结果大不相同，输赢的关键就在于我们能否把握住棋局。要想赢得人生的这盘棋局，就应当站在统筹全局的高度，有先予后取的度量，有运筹帷幄而决胜千里的方略与气势。棋局决定着棋势的走向，我们掌握了大格局，也就掌控了大局势。

通过规划人生的格局，对各种资源进行合理分配，才可能更容易地获得人生的成功，理想和现实才会靠得更近。人生每一阶段的格局，就如人生中的每一个台阶，只有一步一步地认真走好，才能够到达人生之塔的顶端。

所以，扩大自己内心的格局，去构思更大、更美的蓝图。我们将会发现，在自己胸中，竟有如此浩瀚无垠的空间，竟可容下宇宙间永恒无尽的智慧。

6. 不要站在现在的高度，去批判过去的自己

我们之所以对以前的某个错误耿耿于怀，迟迟不肯原谅自己，多半是因为我们为之付出了一定的代价。可是，不能原谅又能如何？代价不能再挽回，但是我们的心情可以回转，也需要回转，因为生活还要继续。

安雅宁进入公司刚刚一年，因为表现优秀，很受领导器重。她也暗下决心一定要做出成绩来。一次，上级领导要她负责一个企划案，为一个重要的会议做准备，还透露说如果这次企划案能赢得客户的认可，她将有可能被调到总公司担任更重要的职务。对安雅宁来说，这是个千载难逢的机会。她非常卖力，每天都熬夜准备这份企划案。

可是，到了开会的那天，安雅宁由于过度紧张，出现了身体不适，脑子一片混乱，甚至没有带全准备好的资料，发言的时候词不达意，几次中断。会议的结果可想而知……

失去了一个这么好的机会，安雅宁为此懊恼不已。之后，由于她的状态一直不好，又有过几次小的失误，她对自己更加不满。以前自信的她，现在忽然觉得自己不适合这个工作，不然为什么老是在关键时刻出错呢？她开始惩罚自己，经常不吃饭，想通了又暴饮暴食，或者拼命地喝酒。

安雅宁的情绪越来越不好，领导找她谈过几次话，宽慰她过去的事情都过去了，人应该向前看。虽然她的情绪渐渐稳定了下来，但是她还是不能原谅自己，没有心情做好手中的事情，以致对工作失去了当初的信心。最后，她不得不递交了辞呈。

很多人在犯错之后，不能原谅自己，甚至憎恨自己，进而影响到现在乃至未来做事的心情。如果憎恨过于强烈，就无法洗心革面，无法看到希望的曙光。不如反过来想一想，错误既然已经犯下了，再惩罚自己有什么用呢？而且你已经为此付出了沉重的代价，为什么还要搭上现在和未来呢？

当我们为曾经的错误付出了沉重的代价后，为什么不能原谅自己呢？只有原谅自己，才能重新调整心情，开始新的生活。而那些无法原谅自己，始终对自己的过去耿耿于怀的人，是得不到人生幸福的。

一位女士结婚3年，生下一个又白又胖的小男孩儿，家人皆大欢喜。尤其是一直生活在农村的公公婆婆更是笑得合不拢嘴，买了一大堆东西来看孩子。她当然也是高兴得很，想着一定要养育好孩子，以报答公公婆婆和丈夫。

可是，孩子刚刚满月的一天夜里，之前由于孩子一直哭她未能休息好，好不容易把孩子哄睡，她也很快进入了梦乡。可是，也许是她太累了，睡得太熟了，被子蒙住了孩子的头，她居然没有发现。等她发现的时候，孩子已经停止了呼吸。她顿时号啕大哭，大叫着："是我害死了孩子！是我害死了孩子！"一连几天几夜不吃不喝，就这样大喊大叫，任谁劝都不听。

最后，她疯了，整天抱着孩子的小衣服、小被褥，一会儿哭，一会儿笑。嘴里絮叨着："我有罪，我该死……"

出现这样不幸的事，对于这样的打击，我们一般人一时确实难以忍受。但可怕的事情既然已经发生了，自己也为之付出了惨痛的代价，就应该承认事实，接受事实，总结教训，将自己从过去的痛苦中拯救出来。在神话里，连神灵都可以原谅自己，那么你我这等凡人为什么要和自己过不去呢？

每个人都希望自己的人生道路和事业道路能够一帆风顺，最好不要犯任何错误，其实这一观念是不符合自然规律的，只不过是人们自己的一厢情愿罢了。"人非圣贤，孰能无过。"无论是在工作中还是生活中，犯错本来就是难以避免的事情。关键不在于你犯的错本身，而在于你犯错之后的反应。

常常听一些人痛苦地说："我永远无法原谅自己。"可是，不原谅又如何？那等于把自己推入了一个永不见底的深渊，从此再也看不到希望和光明。而世上没有"后悔药"，谁也不能再改变过去，对自己的责怪只能加深自己的痛苦。

其实犯错本身并不可怕，可怕的是我们失去了直视它的勇气，更可怕的是我们从此失去做事的心情，以至于赔上了现在和未来。所以，切莫再抓住过去的伤疤不肯放手，赶快从自怨自艾的泥潭中跳出来，朝气蓬勃地投入到新的生活和事业中去吧！

只有真正从心底里原谅自己，才能驱走烦恼，让心情好转。学会原谅自己，不是给自己找借口，而是很平静地分析我们过去的错误，从而在错误中得到教训，做到"经一事，长一智"。

我们不仅要学会原谅别人，更要学会原谅自己。如果不能原谅自己，我们便会陷在失败的泥潭里无法自拔；如果不能原谅自己，我们便会终日在自责中度过；如果不能原谅自己，我们便会失去自信，失去前进的勇气。

7. 天要下雨娘要嫁人，随他去吧

有这样三个有趣的故事：

他是一位年轻有为的外企白领，妻子也有非常不错的工作。来深圳艰苦创业五年后，他由一个外地打工仔成长为一名企业精英，更让他引以为豪的是，他不但在深圳创立了自己的事业，而且还购买了自己的住房。这一切看起来都很不错，但他依旧烦恼重重。是什么事情让他烦恼呢？他说自己总是生活在一种危机感中，不停地思考：将来如果失业了怎么办？企业前景不好该如何？怎样才能使将来有更好的发展？如果以后自己开公司，资金从何而来？这些问题令他坐立不安。

小林是一家餐厅的老板，她一直为生活中的思虑所困扰，以致精神时常处于恍惚之中。她担忧店里的生意不好，她担忧顾客是否满意每一次的服务，她担忧周边餐厅的生意太好抢了自己的生意，她担忧天气不好顾客不来，她也担忧天气太好顾客都外出游玩，使得店里的东西卖不出去。她惶惶不可终日，担忧似乎已经成为一种习惯，让她身心疲惫不堪。小林觉得自己就像找不到归路的羔羊，茫然地四处搜寻，却不知道丢失了什么。

有一个人总觉得自己得了什么不治之症，便跑去看医生。医生问他有什么症状，他说没什么不舒服。医生又问："你最近食欲怎么样？"他说很正常。"那你觉得自己得了癌症的依据是什么？"医生好奇地问道。他说："我听说癌症的初期什么症状都没有，我正是这样啊！"

三个有趣的故事，告诉我们一个道理：烦恼不是别人给的，是自己想得太多。

这个世界上没有任何事情比杞人忧天更可怕了。有一句老话说："天要下雨娘要嫁人，随他去吧。"既然忧虑无济于事，多想不如不想。

其实，现代人之所以烦恼焦虑，并不是真的遇到了无法解决的事情，而是因为"想得太多"。

因为"想得太多"，我们时常自以为是地担心着原本没有发生的事情，无病呻吟地抱怨着可能根本就不存在的问题，搞到最后，不但自陷绝地，甚至还危害到了自己的身心健康。

俗话说，"忧能伤人，愁能杀人"。许多想得太多的人，因为心思太过沉重，很难体会到真正的人生乐趣。因此，当忧愁、担心、哀伤等情绪如蛛网般缠上心头时，请不要容它侵蚀你的心。如果你总是将一些没必要担忧的事，一遍又一遍地在脑中思来想去时，你的精神就会像不断被拉扯的弹簧一样，终有一天会被扯断。

有一个年轻人，跑去向智者倾诉烦恼。年轻人说了很多，可智者总是笑而不答。等年轻人说完了，智者才说："我来给你挠一下痒吧。"年轻人不解地问："您不给我解答烦恼，却要给我挠痒，我的烦恼与挠痒有什么关系呢？何况我并不需要挠痒！"

智者说："有关系，并且关系大着呢！"年轻人无奈，只好掀开背上的衣服，让智者给自己挠痒。智者只是随便在年轻人的身上挠了一下，便再也不理他了。年轻人突然觉得自己背上有一个地方痒得难受，便对智者说："您再给我挠一下吧。"

智者于是又在年轻人的背上挠了一下。可是，年轻人觉得这里刚挠完，那里又痒了起来，便求智者再给自己挠一下。就这样，在年轻人的要求下，智者给年轻人挠了一上午的痒。

年轻人走的时候，智者问："你还觉得烦恼吗？"整整一上午，年轻人都在缠着智者给自己挠痒，居然将所有烦恼的事情都给忘记了。于是，他摇了摇头说："不烦恼了。"智者这才点头笑着说："其实，烦恼就像挠痒，你本来是不觉得痒的，但是如果你闲来无事，去挠了一下，便痒了起来，并且越挠越痒。烦恼也是一样，本来你不觉得烦恼，只是你闲来无事时，去想了一些令自己烦恼的事，你便开始烦恼了起来，并且越想越烦恼。"

年轻人似有所悟。智者接着说："烦恼最喜欢去找那些闲着没事的人，一个整天忙碌着的人，是没有时间去烦恼的！"

不知道大家有没有留意过，久别的朋友见面，大多会彼此在一起抱怨自己活得多累，每天忙忙碌碌却不知道自己到底在做什么，有时特别想找一个没有人的地方大哭一场，家庭的重担、工作的压力、人际的复杂，如大山般压在心头，让人喘不过气来，而唯一一点属于自己的时间，却都用来为明天的前途忧虑。

这些抱怨者，大多都是一些事业有成、有车有房、家庭美满的人，别人羡慕他们都还来不及呢。而他们之所以活得不幸福，究其原因就是因为患上了"心灵担忧症"，而对付这种"病"的办法只有一个，那就是：不要想得太多。

我们都有过这样的经历：白天若是想得太多，一天的工作生活就无法正常进行，甚至还会频频出错；晚上若是想得太多，常常是夜不能寐，就算勉强入睡，第二天起来也是昏昏沉沉。其实，转念一想，就算事情真的发生了，想得再多又有什么用呢？

有一个年轻人到了服兵役的年龄，他被分配到了最艰苦的队伍——海军陆战队。年轻人为此非常地忧虑，几乎到了茶不思、饭不想的地步。年轻人有个深具智慧的祖父，他见到自己的孙子整天都是这副模样，便寻思着要怎样好好地开导他。

这天，老祖父对这位年轻人说："孙子，其实这没有什么可忧虑的。就算是进了海军陆战队，但到部队里，还是有两个机会，一个是内勤职务，另一个是外勤职务。你有可能被分发到内勤单位，这就没什么好忧虑的了！"

年轻人却并不是这么乐观，他还是忧心地问道："那如果我被分发到外勤单位呢？"

老祖父："那还有两个机会，一个是可以留在本岛，另一个是被分发到外岛。你如果被分发在本岛的话，那也没什么可忧虑的呀！"

年轻人又问："那如果我不幸被分发到外岛呢？"

老祖父说："那不是还有两个机会吗，一个是待在后方，另一个是被分发到最前线。如果你是留在外岛的后方单位，也是很好的，也不用忧虑啊。"

年轻人再问："那如果我被分发到前线呢？"老祖父说："那还是有两个机会，一个是只站站岗，平安退伍，另一个是会遇上意外事故。如果你只是站站岗，依然能够平安退伍，这也没什么可忧虑的!"

年轻人仍然问道:"那么,如果是遇上意外事故呢?"

老祖父说:"那还是有两个机会,一个是受轻伤,可能把你送回本岛,另一个是受了重伤,无法救治。如果你只是受了轻伤,被送回本岛,也不用忧虑呀!"

年轻人最为恐惧的地方就是这里,他颤声地问道:"那……如果非常不幸是后者呢?"

老祖父大笑起来,然后说道:"若是遇上那种情况,你人都死了,更是没有什么可忧虑的!忧虑的倒该是我了,那白发人送黑发人的痛苦场面,可并不好玩哟!"

生活不可能像心目中所期望的那样美好,它有酸甜苦辣,它有悲情苦楚,也有许多的忧虑。忧虑来源于生活,来源于对未知世界的不了解,也来自于自身的担忧和顾虑。许多烦恼本不存在,但是在多虑的情况下,任何情况都可能造成你的忧虑。

个人的力量是渺小的,谁都无法与宿命抗衡,谁都改变不了既定的事实。我们倒不如顺其自然,静观其变,并做好自己能做到的事情,只要无愧于心,此生就已无憾了。

第二章

不盲从不跟风，留"一分"欲望给自己

了解自己的真实欲望，不受外在潮流的影响，不盲从，不跟风。把精力全部用在自己最迫切的欲望上，细细品味生活赋予自己的一切，与自己较劲，追寻属于自己的生活吧。

1. 保持恰到好处的 "企图心"

为什么有些人在社会中一下子就销声匿迹了，有些人却经过多年之后仍旧保有其地位，依然才能出众，备受瞩目？他与其他人有何差异？是身体的构造不同，还是能在心灵、精神、企图心等方面，找出相对于其他人的差异？或者说，是一种保持状态的能力在起作用？

实际上，这正是我们应该注意的方向，也就是一个人内心的状态以及企图心。

以拿破仑为例，他出生在法国科西嘉岛上的一个贫困家庭，却拥有坚强不屈的意志，甚至能够控制自己的肉体，视情况为需要调整睡眠时间。但是，拿破仑后来也脱离现实，自认为已立于不败之地，把自己看成了神。他忘记成功是由许多条件与历史因素（亦即当时人们对革命的信仰、基层士兵的欲望、欧洲各国民心一致）所造成的，于是走向衰败。如果他有更深的智慧，能够倾听别人的声音并加以反省，能够不断提醒自己不要忘乎所以，或许就不会如此快速地走向没落了。

实际上，所有的人都是如此。我们每个人的内心深处都隐藏着想要解放的欲望，这正是驱策我们向前走的强烈动机。但是，我们一旦在事业、恋爱、艺术、学术等方面获得成功，就容易忘掉是什么原因或靠谁的帮忙才得以成功，就容易放松自己的企图心。

在西班牙的世界杯足球赛中，为自己的球队赢得胜利的明星球员——尤文图斯队的著名前锋保罗·罗西，他身怀高超的球技，是非常优异的选手，但为什么在世界杯以后短短的二三年内就被众人遗忘？然而事实就是如此，保罗·罗西从舞台上消失，被普拉蒂尼取代，然后是马拉多纳。

如何适时地调整自己的状态，以使自己适应人生中的各种时期和各种可能出现的意外，是生命中最重要的课题之一。

比如一名作家，在某一段时期里，他会感到有非常强烈的创作欲望，不断地写出脍炙人口的作品来。在写作时，他会觉得思路很顺畅，文字像要从脑海里蹦出来一样。这时候他写的东西，优美感人，人物形象栩栩如生，使人读起来不忍释手。

可是，突然有一天，或者在他付出艰辛的努力终于写完一个长篇之后，他可能会感到浑身轻松，然后预备写下一个长篇小说。但他突然发现自己怎么也写不出东西来，尽管挖空心思，却收效不大，写出来的作品连自己也看不过去。这种情况同我们开始所述一样，作家忽然找不到感觉了，但却不明白这是什么道理。

实际上，这是他的状态出现了问题。当然，这同受外界的诱惑而导致的松懈完全不同，而这种状况又往往令人不明不白，难以找到具体的原因。

但这并非绝对不可扭转的，关键是不论在何种状况下，我们都应对自己的环境、心态、工作性质及周围人的因素有个明确的了解，加以适当调整自己的情绪，改变一成不变的工作方法。这样，才可能扭转颓势，使自己重新找到良好的状态，保持不断进取的势头。

以上的那位作家，是因为太投入太紧张地工作和后来突然松懈形成的反差，形成心理上的疲软和过度紧张。这时候，他只要走出家门。放松自己，去大自然走一走，用一段时间完全不想写作上的事。再次提笔时，他会发现自己的灵感恢复如初，写作起来异常顺利。

这是调整状态的一种方法，即转移注意力。我们在连续工作和过度紧张的情况下，就容易造成工作效率及心理情绪的低下，因此有必要转移注意力，让自己的身体和心灵都得到休息、恢复。

而对于另一种人来说，情况则完全与此相反。这种人是在取得一定的成功后，变得自大、骄傲、自以为是，从而自然放松了进取的主动性和积极性。

他们很满足于已经取得的成绩，认为自己用不着再像从前一样艰苦努力和辛勤劳作。因此他们开始讲究享受，个性也变得狂傲不羁，颐指气使，高高在上。但是这种日子不会持续太久，当他突然发现自己坐吃山空，需要重新创业时，他会惊慌失措，迫不及待地重操旧业。

显然，这时候他们已找不到当初劲头十足、游刃有余的感觉，做什么事都会磕磕绊绊，极不顺利。这当然是由于身心的懈怠所致。

善于调整自己的人不会允许自己出现这种松懈。不管取得了什么样的成就，他都能正确面对，心神宁静。他不会为任何的成功沾沾自喜，忘记了追求成功的艰辛和困苦，也不会为一时的挫折垂头丧气，失去了重新战斗的勇气。只有这种人，他们的生存痕迹才不会被历史的洪流所冲刷、埋没，消失得无影无踪。

记得，要不断调整自己的人生航向，使之在正确、安全的航道上高速前进，一直到达理想的彼岸。

2. 名正才能言顺，安于其位才能做自己

如何发现并找到自己的位置？

这跟一个人的视线有关，我们怎么看决定了我们所在的位置。以爬树为例，如果我们一直向上看的话，那么我们就会觉得自己一直在下面；如果一直向下看的话，那么就会觉得一直在上面。所以，我们感觉到的位置取决于我们是在朝前看，还是向后看。如果一直觉得自己在后面，那么我们肯定是一直在

向前看；如果一直觉得在前面，那么肯定是一直向后看。换一种眼光就会明白自己不同的位置，进而能相对客观地明白自己的处境和真正的位置。明白了自己真正的位置，我们才能明白自己的能力，以及这个位置真正需要的能力。

每个人都要有与位置相符的能力。世界第一高峰的珠穆朗玛峰之所以是攀登者心中的圣地，就在于它本身拥有的高度；哈佛大学之所以是众多人心目中的理想殿堂，就在于哈佛本身的实力——给你思考，成就更好的你。

所以，我们要看到珠穆朗玛峰、哈佛大学它们本身的价值，因为这才是最本质的东西。一块石头并不会因为一个美丽的盒子就成了宝石，而一颗金子即便在一个角落里也会发光。我们要学会让自己拥有达到这个位置需要的能力，要给自己的能力找一个合适的位置。

名正才能言顺，安于其位才能尽好自己的责任。在社会的大舞台上，我们会有不同的角色，处在不同的位置。有时，即使是同一个角色，随着剧情的推演也会有所变化。我们能做的就是了解自身的能力，给自己一个好的位置。

徐向阳中年时下岗了，为了生计，他不得不四处奔波。

看着身边的人，炒股的、做生意的、开出租的，一个个都很赚钱。徐向阳也动了这方面的心思——去开出租吧。但是，他现在连汽车都没摸过，更别说考取驾驶证了。

通过托亲戚，找朋友，徐向阳终于在一家酒店上班了。虽然工作不是很累，但总觉得没什么前途，没什么意思。后来回到老家，徐向阳开始调整自己的思路，自己以前不是在报刊上发表了不少文章吗？为什么不把它们复印下来，装订成册呢？也许有了这些资本，还能找一个不错的工作。

在省城，徐向阳跑了很多场招聘会，专门找一些需要文字工作的岗位应聘，结果单薄的大专文凭和已不再年轻的年龄让徐向阳举步维艰。那些日子里，徐向阳每天做的事，就是买报纸看招聘广告，赶场应聘、投放简历，然后在一些含糊的答复中等待招聘单位的消息。

一天，徐向阳终于等到了一家文化单位面试的电话通知。那一刻，徐向阳的心里翻江倒海，酸甜苦辣，什么滋味都有。徐向阳精心准备了面试可能要回答的问题，直到凌晨三点才进入梦乡。

天道酬勤，徐向阳十几年的工作经验，还有那些剪辑的文章帮了徐向阳的忙。这次没有太多的波折，徐向阳从二十余名应聘者中脱颖而出，成了一名内刊编辑。按招聘单位负责人的话来说，他们想找的是一名能立即投入工作进入角色的编辑，而不是华丽的文凭外衣。

经过几年漫无目的的奔波，徐向阳终于找准了适合自己的位置。一年来，徐向阳一边工作，一边努力学习编辑的业务技能和刊物的行业知识，他负责编辑的文章没有出现过一次差错，有一篇还获得了省期刊年度好编辑奖。业余时间，徐向阳撰写了一些文章投给全国各地的报纸杂志，发表各类文章300余篇。

徐向阳找准了自己的位置，实现了自身的价值。

对一个人来说，生活中最大的困难不是失败与挫折，而是如何摆正自己的位置。挫折、失败只是人们遭受的外来的"痛苦"，而如果没有内在的调整，没有迅速恢复的能力，没有一个好心态，就无法从痛苦中走出。

有时，正是外在的不幸或际遇，让一个人找到了更好的位置。

鲁迅原本想通过学医来救治国人的身体，但最终他弃医从文，拾起文笔做匕首；史铁生瘫痪几十年，饱受坐轮椅的痛苦，但他不屈服于命运的安排，从纸笔中发现了自己的文学才华，展示了一个更积极、更健康的自己。

这个世界并不是只有伟人，也不是只有普通人。有时，伟人之所以是伟人，就在于那个位置——位置让他去调整自己、锻炼能力等。每个人都可以去选择自己的位置，选择自己的生活方式。不同的位置会有不同的精彩。位置本身并没有绝对的好坏高低之分，好坏高低只是我们的一种评价，不同的人可以根据自身的心境和感觉做出判断。不同的人，做出的判断也一定会不同。

只要我们安心于自己的位置，能够在这个位置上付出，便会有自己的精彩，在自己的位置上构筑一个丰富的世界。

从前，一位陶工制作了一只精美的彩釉陶罐，他把这只精美的陶罐搬回家中放到了屋角的一块石头上。

陶罐认为主人把自己放错了地方，整天唉声叹气地抱怨说："我这么漂亮，这么精致，为什么不把我从到皇宫里作为收藏品呢？就算摆放到商店展出，也比待在这儿强啊！"

陶罐底下的石头听了忍不住劝它："这儿不是也挺好吗？我比你待的时间还久呢。"

陶罐听了讥讽石头说："你算什么东西？只不过是一块垫脚石罢了，你有我这么漂亮的图案么？和你在一起我真感到羞耻。"

石头争辩说："我确实不如你漂亮好看，我生来就是做垫脚石的，但在完成本职任务方面，我不见得比你差……"

"住嘴！"陶罐愤怒地说，"你怎么敢和我相提并论！你等着吧，要不了多久，我就会被送到皇宫成为收藏品……"它越说越激动，结果不提防摇晃了一下，"哗啦"掉在地上，摔成了一堆碎片。

一年一年过去了，世界发生了许多事情，一个又一个王朝覆灭了，陶工的房子早已倒塌了，石块和那堆陶罐碎片被遗落在荒凉的场地上。历史在它们的上面积满了渣滓和尘土，一个世纪连着一个世纪。

许多年以后的一天，人们来到这里，掘开厚厚的堆积，发现了那块石头。

人们把石块上的泥土刷掉，露出了晶莹的颜色。"啊，这块石头可是一块价值连城的宝玉呢！"一个人惊讶地说。

"谢谢你们！"石块兴奋地说，"我的朋友陶罐碎片就在我的旁边，请你们把它也发掘出来吧，它一定闷得够受了。"

人们把陶罐碎片捡起来，翻来覆去查看了一番，说："这只是一堆普通的陶罐碎片，一点价值也没有。"说完就把这些陶罐碎片扔在了一边。

不满于自己的位置，但又不清楚自身的能力，找不到合适位置的人，总是在飘忽不定，失去更多的风景和可能。

你是故事中的石块，还是陶罐呢？

社会是一座舞台，要想在这个舞台上当一名好演员，就必须根据自己的素质、才能、兴趣和环境条件，选择好适合自己的社会角色，只能演配角就不要去争当主角，适合当士兵就别奢望当将军。如果认不清自己，不满足于普通的角色，像故事中的陶罐那样，一心想成为皇宫的收藏品，把自己摆错了位置，到头来只会白费力气，一事无成。反之，一旦选准了适合自己的角色，走向成功也就顺理成章了。

3. 名利就像玩具，玩完就放下吧

平凡的人会羡慕那些拥有盛名的人，同时也希望自己能有那种非凡的影响力，但是只有被盛名所包围的人才真正明白，这种压力是无法言语的。

有才华的人也要避免拥有盛名。拥有盛名的才子才女们要不断花费大量的时间到无用的事情上去，而且还容易才华枯竭。司马迁在写《史记》的时候，并没有左拥右簇，相反是冷冷清清，正是因为这样，他才能静下心来思考。拥有盛名的人往往周围热闹非凡，在这种情况下，他们很难安静下来思考自己的事情。他们只会不停地应付别人，不想显得太高傲，结果把自己弄得很是疲惫，根本就没有认真思考的时间了。很多文学家在出名以后就不再有杰出的作品产生，虽然有他们的思维已经定型的原因，但更重要的是他们没有时间去改变思维。

盛名是不应该背负的，拥有盛名的人往往过得并不如意，原因就在于盛名给他们带来了很多负担。人的处境往往是由自己的心态决定的。人生就像爬山，爬了上去，终究还是要下来的，爬得太高，在自己的心态不平和的情况下，一旦跌落下来，会摔得很重。如果一个人拥有了盛名，最好还是学会低调。

名声是把双刃剑，你用它装点自己的时候，同时也是在给自己埋下隐患。人如果有一种泰然处世的心态，就会对盛名避而远之。

很久以前，有一个年轻的剑客，他喜欢到处向成名的剑客挑战。因为他的剑术高超，所以顺利地击败了所有的对手。

年轻的剑客听说在某地住着一位传说中的剑客，他的人生具有传奇性，剑术绝妙，无人能敌。

于是，好胜的年轻剑客决定去向这位名剑客挑战。历经千辛万苦，他终于在一个山村里见到这位名剑客。

年轻剑客原本以为自己见到的会是一位相貌堂堂、气质出众的大人物，谁知对方竟是一个不修边幅、长相普通的老人，而且又瘦又小，一点也没有剑客的威风。更出乎他意料的是，老人的剑已经锈得无法再从剑鞘中拔出来了。

面对年轻剑客的挑战，老人毫不理睬，只管低头吃饭。正是盛夏，屋子里有好多苍蝇在嗡嗡乱飞，忽然，老人连眼皮都没有抬起，伸手用筷子从空中夹住了四只苍蝇，一字排开放在桌上，然后继续吃饭。

年轻剑客看得目瞪口呆，他的骄傲瞬间消失得无影无踪，他意识到以自己的剑术根本不可能赢过这位老人。后来，他拜老人为师，潜心修炼，几年之后，他的剑也同样锈在鞘里。

剑是锈了，可是心境却更澄明了。真正的争斗不是去打败别人，而是战胜自己。只会用身外物和别人一较高低的人，其实不明白真正有价值的是什么。

玛丽·居里出生在波兰华沙，1891年进入巴黎大学学习，1893年和1894年分别取得了物理学硕士和数学硕士学位。1895年，玛丽与皮埃尔·居里结婚，开始了对放射性元素的研究。1898年7月，他们发现了一种新元素，命名为钋。同年12月26日，他们又发现了一种比铀的放射性要强百万倍的新元素镭。但是当时还没有实物来证明镭的存在，科学界对他们的发现表示怀疑，也没有机构同意为他们提供实验室做研究。

居里夫妇只好在一个简陋的大棚子里做实验，历经了四年的艰辛提炼后，他们终于从8吨沥青铀矿渣中提取了0.1克纯镭，价值超过1亿法郎。这不仅赢得了科学界人士的普遍认可，而且使他们成为核物理学的奠基人，居里夫妇也因此共同获得了1903年的诺贝尔物理学奖。

1907年，居里夫人提炼出了氯化镭。1910年，她测出了氯化镭的各种特性，并以《论放射性》一书成为放射化学的奠基人。"由于对科学的执着与贡献"，居里夫人于1911年获得诺贝尔化学奖。

正是在科学领域中这样享有盛名的居里夫人，生活却极为简朴。曾有一位记者要采访她，当来到一所简陋的房子前，记者看到一个衣着简朴的妇人赤脚坐在台阶上洗衣服，他过去询问居里夫人的住处，当那妇人抬起头时，记者大吃一惊，原来她就是居里夫人。

当初发现了镭之后，居里夫妇讨论如何处理那些请求他们告诉提炼镭的方法和信件，整场交谈在五分钟之内就结束了。居里先生说："我们必须在两个途径中选择一个，一是无偿公开镭的提炼方法……"居里夫人说："这样很好，我赞同。"居里先生说："二是将提炼方法申请专利，以后任何人想提炼镭都要经过我们的同意，并且我们的孩子可以继承这一专利。"居里夫人不假思索地说："这违背了科学精神，我们还是选第一个办法吧。"于是，他们向世界公开了镭的提炼方法和其他相关资料。

有一位女性朋友去居里夫人家里拜访她，发现她的小女儿正拿着英国皇家科学院颁给居里夫人的金质奖章在玩儿，朋友大吃一惊，问道："你怎么能把这么宝贵的东西给孩子玩儿呢？"居里夫人回答："我想让孩子从小就懂得，荣誉就像玩具，只能玩玩而已，绝不能永远守着它，否则就将一事无成。"

居里夫人以高尚的情操和献身科学的精神教育孩子，她的女儿瑞娜后来也成为一名科学家，并像母亲那样获得了诺贝尔奖。

"一个人不应该与被财富毁了的人结交来往。"这是居里夫人的名言，而她也正是这样做的，不让自己被名誉和财富毁掉。当初那价值超过1亿法郎的0.1克纯镭，对于生活极其简陋的居里夫人并没有造成任何影响，她坦然地将0.1克镭无偿赠给了实验室，这份视名利如浮云的豁达实在令人赞叹。

正是因为居里夫人懂得名利就像玩具一样，偶尔拿来玩玩还可以调剂生活，但若是抱住不撒手，生活反而会被它给毁了，所以她才能头脑清楚地将名利放在一边，在科学研究中享受莫大的人生乐趣。

看看世间，有多少人正把玩具当成自己真正的人生死守不放呢？生活中，很多人都热衷于虚名，以为追求的是花冠，却不知是桎梏。王安石的《寄吴冲卿》诗中有一句"虚名终自误"，令人警醒。

追求荣誉，这无可厚非，但应该分清是什么样的荣誉：是名实相符，还是盛名之下其实难负的名誉。后者不仅徒累自身，还可能招致灾祸。

4. 适可而止，否则你定会得不偿失

俗语云："欲壑难填，做了皇帝想神仙。"欲望如果不剪就会使心如洪水猛兽，出手就穷凶极恶，显身就面目狰狞。所以，只能用智慧之剪去修剪欲望，才可保一世平安。

叔本华说："欲望过于剧烈和强烈，就不再仅仅是对自己存在的肯定，相反会进而否定或取消别人的生存。"用"上帝的命定"或"天理"来取消或压制别人的欲望是不合理的，但过度推崇与放纵欲望也是愚蠢的。欲望不是纯粹的、绝对的东西，它需要理智的调控与节制，它也绝不可能像有人声称的那样是文明发展的唯一动力。

"人欲"是一切人类活动的起始，把握这个主宰一切的本源，将会获得无穷无尽的能量。人是欲望的产物，生命是欲望的延续。然而欲望的有效性与必要性是有限度的，满足不是绝对的，总有新的欲望会无休止地产生出来。由于欲望这种不知餍足的特性，欲望的过度释放会形成破坏的力量。

据说，曹操做魏王的时候，在他的封地有一个乞丐，总是遭到市民们的鄙视和欺负。乞丐感到很委屈，他问："天底下有的是乞丐，甚至连魏王也是。可是，你们为什么那么尊敬魏王，却这样瞧不起我呢？"

市民们冷笑道："你凭什么说魏王是一个乞丐呢？如果你能够证明给大家看，我们也可以像尊敬魏王一样尊敬你。"

他决定要设法找到魏王，做一个证明。然而，魏王是那样高高在上，而他却是一个身份卑贱的乞丐，地位相差如此悬殊，怎么能够接近魏王呢？每当他试图接近魏王时，魏王的随从们就会把他痛打一顿，然后把他赶走。

功夫不负苦心人啊，他终于找到了一个机会。他发现魏王每天傍晚都会来到王宫附近的僻静小道上散步，于是，他就躲在那里等待魏王。他看见魏王远远地离开了他的随从们，沿着小道独自走来，似乎在苦苦思索着什么。他等待着时机，突然出现在魏王面前。

魏王被吓了一大跳。"你要干什么？"他惊恐万状地问道。

"我不想干什么。"乞丐说，"我只想讨一点钱。"

原来只是想讨一点钱啊。魏王舒了一口气，然后问："你需要多少？"

乞丐说："我只有一只破碗，你装满它就行。"

魏王笑了起来，说："好吧，我答应你。"他唤来了仆人，命令他们去拿一些钱来。奇怪的事情发生了，当这些钱倒入乞丐的破碗时，仅仅只停留了几秒钟，就消失得无影无踪。

怎么会发生这样的事情呢？魏王感到非常诧异。他吩咐仆人们搬来更多的钱，但那些钱每一次都只能在乞丐的破碗中停留几秒钟，然后消失得无影无踪。最后，所有的钱都搬来了，所有的钱都在乞丐的破碗中消失得无影无踪。魏王惊骇得出了一身冷汗，扑通一声跪倒在乞丐面前，请求乞丐放过他。

现在，轮到乞丐冷笑了，他解释说："这只破碗是一个填不满的穷坑，它的名字叫做欲望。因为这个欲望，你我其实都是乞丐。"

高高在上的魏王，居然被一个乞丐引为同类。虽然占有的财富和社会地位不一样，但欲望的状态却是如此地相似。

有个老魔鬼看到人们的生活过得太幸福了，他说："我们要去扰乱一下，要不然魔鬼就不存在了。"

他先派了一个小魔鬼去扰乱一个农夫。因为他看到那农夫每天辛勤地工作，可是所得却少得可怜，但他还是那么快乐，非常知足。

小魔鬼就想："要怎样才能把农夫变坏呢？"他就把农夫的土地变得很硬，让农夫知难而退。那农夫对着田地敲打半天，做得好辛苦，但他只是休息一下，还是继续敲，没有一点抱怨。小魔鬼看到计策失败，只好摸摸鼻子回去了。

老魔鬼又派第二个去。第二个小魔鬼想，既然让他更加辛苦也没有用，那就拿走他所拥有的东西吧！那小魔鬼就把他午餐的馒头和水偷走。他想农夫做得那么辛苦，又累又饿，却连馒头和水都不见了，这下子他一定会暴跳如雷！

农夫又渴又饿地到树下休息，想不到馒头和水都不见了！"不晓得是哪个可怜的人比我更需要那块馒头和水，如果这些东西能让他温饱的话，那就好了。"小魔鬼只好又弃甲而逃了。

老魔鬼觉得奇怪，难道没有任何办法使这农夫变坏？这时第三个小魔鬼对老魔鬼说："我有办法一定能把他变坏。"

小魔鬼先去跟农夫做朋友，农夫很高兴地和他做了朋友。

因为小魔鬼有预知的能力，他就告诉农夫，明年会发生干旱，教农夫把稻种在湿地上，农夫便照做。结果第二年别人没有收成，只有农夫的收成满坑满谷，他就因此富裕起来了。

小魔鬼每年都对农夫说当年适合种什么，三年下来，这农夫就变得非常富有了。他又教农夫把米拿来酿酒贩卖，赚取更多的钱。慢慢地，农夫开始不种田了，靠着贩卖的方式，就能获得大量金钱。

有一天，老魔鬼来了，小魔鬼就告诉老魔鬼说："您看！我现在要展现我的成果，这农夫现在已经有猪的血液了。"只见农夫办了个晚宴，所有的富人都来参加；喝最好的酒，吃最精美的餐点，还有好多仆人伺候。他们非常浪费地吃喝，衣裳零乱，醉得不省人事，开始变得像猪一样痴呆愚蠢。

"您还会看到他身上有着狼的血液。"小魔鬼又说。这时，一个仆人端着葡萄酒出来，不小心跌了一跤。农夫就开始骂他："你做事这么不小心！""哎！主人，我们到现在都没有吃饭，饿得浑身无力。""事情没有做完，你们怎么可以吃饭！"农夫恶狠狠地说。

老魔鬼见了，高兴地对小魔鬼说："你太了不起了！你是怎么办到的？"

小魔鬼说："我只不过是让他拥有的比他需要的更多而已，这样就可以勾起他人性中的贪婪。"

伊索说过："许多人想得到更多的东西，却把现在拥有的也失去了。"这可以说是对得不偿失最好的诠释了。人生太多的沮丧都是因为得不到想要的东西。其实，我们辛辛苦苦地奔波忙碌，最终还不都是只剩下埋葬我们身体的那点土地吗？

欲望是无止境的，我们有太多的需求，面对着太多的诱惑，然而，在我们欲望得到满足的同时，相对地也会迷失自己，并产生一种错觉，认为财富和地位就代表了一切。这样，当失去一切的时候，我们就会变得惊慌失措，无依无靠。

托尔斯泰也曾经说过：欲望越少，人生就越幸福。人生最大的苦恼，不在于自己拥有得太少，而在于自己欲望太多。欲望本身不是坏事，但欲望太多，而自己的能力又达不到，就容易构成长久的失望与不满。

因此，不管我们做什么，都要适可而止，把握尺度。能力所不及的事，不要过于强求自己，放弃那些无止境的沉重的欲望，这样才不会徒增烦恼与压力，才能轻松地享受生活，稳步取得成功。

面对生活诸多烦恼，保持一颗平常心，我们就不会去斤斤计较生活里的得失，我们就能在平凡的生活中寻找到快乐；我们就会有"笑看庭前花开花落，静观天上云卷云舒"的轻松。

5. 贪婪是滋生罪恶的土壤

贪婪就好像一朵艳丽的花朵，它的美能让我们兴高采烈心花怒放，可是我们在注意它美丽的同时，却忘了提防它的香气，那是一种让我们感受不到的毒气。

一天傍晚，两个非常要好的朋友在林中散步。这时，有位僧人从林中惊慌失措地跑了出来，两人见状，便拉住那个僧人问道："你为什么如此惊慌，到底发生了什么事情？"

僧人忐忑不安地说："我正在移植一棵小树，忽然发现了一坛子黄金。"

两个人感到好笑："这僧人真蠢，挖出了黄金还被吓得魂不附体，真是太好笑了。"然后，他们问道："你是在哪里发现的，告诉我们吧，我们不害怕。"

僧人说："还是不要去了，这东西会吃人的。"

两个人异口同声地说："我们不怕，你就告诉我们黄金在哪里吧。"

僧人告诉了他们埋藏黄金的地点。两个人跑进树林，果然在那个地方找到了黄金。好大一坛子黄金！

其中一个人说："我们要是现在把黄金运回去，不太安全，还是等天黑再往回运吧。这样吧，现在我留在这里看着，你先回去拿点饭菜来，我们在这里吃完饭，等半夜时再把黄金运回去。"

于是，另一个人就取饭菜去了。

留下的这个人心想："要是这些黄金都归我，那该多好呀！等他回来，我就一棒子把他打死，那么，这些黄金不就都归我了？"

回去的那个人也在想："我回去先吃饭，然后在他的饭里下些毒药。他一死，黄金不就都归我了吗？"

回去的人提着饭菜刚到树林里，就被另一个人从背后用木棒狠狠地打了一下，当场毙命了。然后，那个人拿起饭菜，狼吞虎咽地吃了起来。没过多久，他的肚子就像火烧一样疼起来，他这才明白自己中毒了。临死前，他心里暗想：僧人的话真的应验了，我当初怎么就不明白呢？

或许我们会笑话故事里的两个人因为贪心而葬送了自己的性命，而事实上我们又何尝不是如此呢？在我们的生活中，又何尝不是因为自己的贪婪而断送自己的幸福呢？

欲望就像是一条锁链，一个牵着一个，永远不能满足。很多人都明白，贪欲会把人带向罪恶的深渊，让人失去理智。它可以使人相互摧残，甚至使最好的朋友反目成仇。贪字头上一把刀，人的内心一旦被贪欲吞噬，那他必将受其毒害。

传说古时，有一位村夫看到一条冻僵的龙蛇。村夫就把蛇救活，并放进后山的一个山洞里。因为蛇的到来，山洞口开始长着灵芝和一些奇异花草。但人们知道山洞里有龙蛇，谁也不敢去采这些东西。皇上听说了这事，就下旨说，谁能采来灵芝，必有重赏。村夫很清贫，他想，自己要是得到这笔财富，那可就幸福了。于是，他就去求蛇。蛇感谢他的救命之恩，就让他采了灵芝送进宫里。村夫得到奖赏，过上了他想要的生活。又过了些日子，皇后的眼睛瞎了，御医说只有龙蛇的眼珠才能治好。皇上就下旨说，谁若弄来龙蛇的眼睛，就让他当大官。

村夫又想，自己现在是比过去幸福多了，但如果当上了高官，有钱有势，一定会更幸福。于是，村夫又找到龙蛇。龙蛇忍痛贡献出了自己的一只眼睛，村夫也因此当上高官，再一次满足了自己渴望幸福的心愿。但没过多久，皇上又下旨说让村夫去割龙蛇身上的肉，因为他听说吃了龙蛇的肉，就可以长生不老。为了让村夫早些弄回龙蛇的肉，皇上加封村夫为宰相。村夫得意洋洋，再一次来到山洞口，希望龙蛇能再次满足自己的心愿。但龙蛇什么也没说，而是一张口就把这个刚做上宰相的人给吞进了肚里。

人生如同一条河流，有其源头，有其流程，当然也有其终点，而不管流程有多长，有多短，终究都会到达终点，流入海洋。那么在我们活着的时候，有什么欲望是一定非要满足不可的呢？为什么要让欲望恣意滋生呢？

人心里的欲望就像头发一样，总会向上生长。欲望是人痛苦的根源，因为欲望永远不能被满足。我们要做的是尽量将自己的生活简单化，减少对物质的过多依赖，简简单单的生活会让人觉得神清气爽。当然，我们不能要求每个人都做到清心寡欲，但至少我们可以在简化自己生活的过程中，减少自己的欲望。我们会明白，即使我们缺少一些东西，生活还是一样过得很好，甚至更加快乐。

我们很多人就是过多地考虑利害得失，结果总是跟在欲望后面跑来跑去，两手空空地走完了自己的一生。知足者能够认识到无止境的欲望带来的痛苦。太贪婪了，欲望太强了，而其能力又有限，这样必然会导致可怕的后果。

6. 要记住：鱼和熊掌很难兼得

先贤孟子曾说过："鱼，我所欲也；熊掌，亦我所欲也，两者不可得兼。"就是说在人生旅途中，我们经常会遭遇到许多两难的问题。选择就意味着要放弃其中一样，可是，有时我们所面对的并非西瓜和芝麻这样简单的选择，它有可能是两种你同样喜爱，并都想得到的东西，让你两样都难抛下。

这时，你该如何去做呢？问题的关键所在，就是要认清自己真正需要什么，哪一种对我们更重要，这样才能找到我们前进的方向。方向找对了，选择也就相对容易了。

一个沿街流浪的乞丐，饱经风霜，于是每天都在想，假如我手头有了两万元钱，我就知足了。

一天，一只看上去干净、富贵的小狗跑到了他的跟前，乞丐见四周没人，便把狗抱回了他住的窑洞里，拴了起来。没想到，这只狗的主人居然是当地有名的大富翁。富翁丢狗后十分着急，因为这是一只血统纯正的进口名犬。于是，富翁就在当地电视台发了一则寻狗启事：如有拾到者请速还，将付酬金两万元。

第二天，乞丐沿街行乞，看到这则启事时，心中大喜，急忙就要抱着小狗去领那两万元酬金，可当他匆匆忙忙抱着狗又路过贴启事处时，发现启事上的酬金已变成了三万元。原来，大富翁寻狗不着，十分着急，又打电话通知电视台，把酬金提高到了三万元。

乞丐简直不敢相信自己的眼睛，向前走的脚步突然间停了下来，想了想又转身将狗抱回了窑洞，重新拴了起来。第三天，酬金果然又涨了，第四天又涨了，直到第七天，酬金涨到了让市民都感到惊讶时，乞丐这才跑回窑洞去抱狗。可想不到的是那只可爱的小狗已被活活地饿死了，而乞丐最终只能做原来的那个乞丐了。

其实人人都有欲望，都想过美满幸福的生活，希望丰衣足食，这是人生存的合理欲求。但是，如果把这种欲望变成不合理的欲求，变成无止境的贪婪，那我们无形之中就成了欲望的奴隶。这时，尽管我们常常感到自己非常累，但仍觉不满足，因为在我们看来，很多人比自己的生活更富足，很多人的权力比自己大，所以我们别无出路，只能硬着头皮往前冲，在无奈中透支着体力、精力与生命。

永不知足其实是一种病态心理，其病因多是权力、地位、金钱……这种病态如果发展下去，就是贪得无厌、欲壑难填，其结局只能是自我毁灭。

在生活中，当我们遇到"鱼和熊掌"不可兼得的情况，或被无穷无尽的欲望所累时，不如暂时忍痛割爱，放下一些贪念，这不是逃避、不是懦弱，而是明智的选择，只有如此才能开始崭新的历程。

游牧民族的孩子从小就要学习牧羊和打猎，看到丰茂的森林草地，全族的青壮年男子就要冲进去寻找猎物。一个孩子刚刚学会骑马，在叔叔的带领下学习打猎，想要一展身手。

小孩子爱玩，心态又浮躁，看到兔子就想追兔子。正在追兔子，旁边蹿出一只鹿，他又想追那只肥大的鹿。这时一只野鸡从头上飞过去，他又想弯弓射箭打下野鸡。孩子就这样看到什么想打下什么，结果一个也打不到，回头想找一开始看到的那个时，动物们早跑没影了。忙了一天，他两手空空。

叔叔告诉他说："我第一次打猎和你一样，看见什么想打什么，其实一次只能射一箭，得到一只猎物就是收获，为什么要贪心？只有戒掉这个毛病，你才能成为一个优秀的猎手。"

孩子初学打猎难免三心二意，什么都想抓的结果是什么都没追到，白白浪费力气。长辈以自身经验告诫孩子，想要做一个优秀的猎手，先要学会不贪心，一心一意地抓紧眼前的目标。打猎如此，做任何事也是一样，目标一旦堆积，就会造成视觉上和心理上的双重障碍；只有头脑清醒的人才会从一开始就盯准一个，抓到手再着手下一个。

俗话说，一个人不能同时追赶两只兔子。如果一只兔子朝东，一只兔子朝西，这个人只能留在原地踏步，一无所获。如果兔子再多一点，这个人恐怕连怎么抓兔子都忘了，光顾着想究竟追哪只，成为一个彻头彻尾的空想家。大千世界，机会无处不在，诱惑无时不有，如果不能认定一个，而是四面出击，不论是精力还是头脑都会不够用。

俗话说，人心不足蛇吞象，这是一个对贪心的形象比喻。一条蛇想要吞下一头大象，就像我们每天面对外部世界的诱惑，什么都想得到，偏偏我们精力有限，金钱有限，如果一味去追求，有可能让自己累倒在半路上。就算有一座金山摆在眼前，我们能拿的，也只是自己拿得动的那一部分，不然不是在半路晕倒，就是在金山里饿死。不得不承认，以我们有限的生命和能力，追求不了那么多的东西，承担不了那么重的负担。

既然一个人的能力决定了他能获得什么，努力程度决定他能获得多少，贪心就成了一种自我折磨。就像小时候我们吃着糖果，如果总是想着没吃到的饼干，或者想着明天吃的蛋糕，目标太多，就会造成心理上的负担，最后吃到嘴里的都不香甜。还有的时候，我们顾此失彼，不看自己手里的这个，而是紧盯着别人手里的，最后两边落空，自己难过。不如简单一点，专一一点，把握住自己眼前的东西，因为抓得住的永远比抓不住的重要，自己手里的总比别人手里的安全。

人生的道路也是如此，很多时候，我们不止有一个选择，哪个方向都有自己想要的东西，哪个方向都是一种诱惑，我们必须下定决心选择一个，才能用最短的时间到达目的地。选择也需要智慧，我们选择的地方不应该是虚幻的海市蜃楼，而是那些我们的目光也许不能到达，但相信自己有足够能力到达的地方。一个人不能追逐两个理想，任何时候，专一的人比左顾右盼的人拥有更多把握成功的时间和宝贵的机遇。

第三章

去爱吧，记得"八分"熟的爱情刚刚好

好的恋人就像是好的家长，知道细水长流，知道月盈则缺，水满则溢，懂得"度"的使用和技巧，这样才可以在爱情中成就自己，也同时塑造对方，让感情的路走得长久和甜蜜。请记住，喝酒不要超过六分醉，吃饭不要超过七分饱，爱一个人不要超过八分。

1. 真正的完美，是与不完美的爱人相爱

　　这世界本没有完美，真正的完美，是对不完美的释怀。

　　新加坡社区发展部曾拍摄过一则公益广告，主角是一位印度裔太太，内容是悼念她刚死去的华裔老公：

　　"今天我不打算在这里赞美我的丈夫，更不打算说他的任何优点，这些大家都听得多了。我想跟大家分享一些也许会令你们感到……不自在的事。就从他在床上的表现说起吧。你试过在早上开动汽车引擎吗？喏，大卫的打鼾声就那样。不过，这只是前奏。紧接着，他就会创造连绵不断的后部排气音效。有时声音大得连他自己也会从梦中惊醒，还问："什么声音那么吵？"我总是说："是狗在吠，没事，睡吧！"感觉很好笑，对吧？当他病情开始恶化时，这些声音却成了对我的一种安慰，提醒着我，我的大卫还活着。如今我再也没有这熟悉的声音相伴入梦了。

　　"人生就是这样，携手一生，最后记忆里最深刻的却是点点滴滴的不完美，凝聚成我们心中的完美。我衷心盼望，亲爱的孩子也能在漫长的人生道路上，找到一位像他们父亲一样不完美的完美伴侣。"

字里行间情深意切，真诚流露，让闻者动容——广告的主题竟然是不完美的完美伴侣！

年轻的朋友看到这样的标题不免产生怀疑，因为他们每每宣称要跟一个百分百的伴侣过一生，不完美谁想要？男人梦想的女朋友，既性感又贤惠，既温柔又漂亮，上得了厅堂下得了厨房，杀得了木马翻得了围墙，开得起好车买得起新房，而女人想找的男人则既英俊又多金，既豪迈又贴心，既潇洒又风趣，必须是人中吕布马中赤兔……除此以外，谁都不能让她心动。

完美，不过是痴人说梦，不过是你在心中给对方披上了神圣外衣。譬如大家都觉得黛玉诗情画意，多少男人爱慕林妹妹的仙女气质。别忘了，黛玉身患肺病，如果每天晚上她都在你枕边咳上半宿，多情的你会不会觉得厌烦？对完美的超级渴望，让我们失去了接受不完美的能力，这实在是对完美的毒害。

美国有对老夫妻在一起快乐地生活了六十年，也就是常说的钻石婚。当记者问他们有什么相处秘籍时，老妇只说了一句话：我从年轻时就无法忍受老公喝汤时的"咕噜咕噜"声，认为那很没礼貌，可是，直到现在，老公喝汤还是很大声，但我们却走过了这么多年。

承认不完美，然后与不完美的爱人真心相爱，直到年华老去仍不离不弃。

遇见他，本身就是令人不快的瑕疵。那是在一个晚会上，她难得出席这样的场合，先是用一个月的工资买了件晚礼服，然后破费去美容院修整了大半天，最后才抱着忐忑的心情参加晚会。

可还没来得及享受美酒佳肴，就碰见鲁莽的他。他跌跌撞撞地擦身而过，碰翻了她手上的红酒，红彤彤的一片全洒在了晚礼服上。他连连道歉，她却气得连话都说不出，只是用恶狠狠的目光紧紧盯住了他。

她向母亲哭诉这件事，信誓旦旦地说，以后找男朋友，坚决不找这样的！母亲淡淡地回答，那可不一定，一个人的鲁莽，从另一方面说，也恰巧可以说明他是个没有心机的人。

誓言犹在耳边，她和他的手却牵在了一起。晚会的红酒事件后，他请她吃饭，当作道歉。一来二往，渐渐对他有了好感。之后，便顺理成章地接受了他。

交往之后，她不时发现他有着这样或那样的缺点，让本来明媚的风景变得破碎不堪。

让她真正下决心离开的，是那次的小车祸。那天他开车载她到郊外兜风。一不小心，和另一辆车有了擦撞。两人赶紧跳下车，他先是看了她一眼，确定她没事后，便整个人扑到车上，心痛地四处摸看，嘴里连连惊叫。

她被晾在一边，身上还有些小疼痛，他却一句话都没有问。一直到警察来后，确定完理赔事项，他才把车开往修车厂。整个过程，她仿佛成了透明人。在他眼里，只有那辆受损的车才值得关心。

这样的一个人，极度自我，怎么会是可以让她依靠一生的人？不管他如何哀求、道歉，她早已铁了心，一点机会也不留给他。

可就在这时，母亲又对她说，他是家里的独子，从小娇生惯养，难免不懂得关心别人。可仔细想想，出事之后，他把第一眼留给了你，确定你没事了，才一门心思扑在车子上。这说明，他把你排在了车子前面，并不是无药可救的！

也许是母亲的话起了影响，最后她还是选择了原谅。从这件事之后，他也意识到了自己的骄纵，开始认真地改正大大小小的毛病。

就这样，她见证了他从一个幼稚的小男人，慢慢成长为一个有担当的男人。结婚后，他依旧单纯，但并不幼稚；他偶尔也会耍耍性子，但已经懂得分轻重；甚至，他开始勇于承担起家庭的责任，把家庭当成一项事业，来苦心经营。

爱情里，注定会有些不完美。一颗宽容的心是最好的愈合剂，能让爱情的伤口开出美丽的花。

2. 何必一定要嫁给爱情？

很多时候，人们都会傻傻地想，如果林妹妹欢天喜地嫁给了宝玉哥哥，或者梁山伯真的如愿以偿地娶了祝英台，他们会不会永远幸福下去？为什么童话里讲到王子和灰姑娘从此幸福地生活在一起后，故事戛然而止，没了下文？

别人给你介绍对象，首要条件就是看看你们两个是不是门当户对，是不是才貌般配。在老辈人看来，结婚是两个人在一起过一辈子的日子，只有两个合适的人，才不会有那么多的磕磕碰碰，吵吵闹闹，才能开开心心，天长地久，白头到老。

"如果觉得合适就结婚吧"，这是无数母亲面对女儿的终身大事时的态度。她没有说爱，而说合适，不是因为"爱"这个字眼她说不出口，而是在潜意识里，经历了漫长婚姻生活的母亲们，看重的不再是爱，而是合适。

看看周围的现实生活中，相依为命、牵手到老的平凡夫妻比比皆是，爱到生死相许的两个人反而因各种各样的原因难成眷属、难以白头。这到底是为什么呢？

只能说，爱得死去活来、惊天动地的恋人并不适合做夫妻，他们的婚姻比普通人存在更大的风险。因为爱得越深，对方就会成为你目光的焦点，你无时无刻不在关注着他的一言一行。有时沾沾自喜，有时患得患失，一旦有什么事不能做到尽如你意，没有给你预期的回报，你就会失落就会埋怨："我对他付出了那么多，为什么他总是视而不见，无动于衷？"

这是很多恋人和夫妻间的问题，因为太爱，就不能用平常心来看待。搞得自己疲惫不堪，也把对方打入了痛苦的深渊。太多的爱，累了自己，伤了别人，得不偿失。最后爱情在琐碎生活的磨砺中消失殆尽，有情人落得个分道扬镳的伤感结局。

婚姻里，要的就是合适。所谓合适，代表的是一种比较舒适的状态。两个人在一起轻松快乐，没有压力，那样才可以永远保持活力和热情，太多的牵扯会消耗过多的心力，让爱情在凡俗日子里迅速衰老，直到死亡，直至尸骨无存。

很可能因了舒适，便产生习惯；因了习惯，而造就平淡。没有了三天一吵、两天一闹，也就没有了刻骨铭心的爱与恨，所以就有了更多的宽容和谅解，更加恩爱。

一生的日子，要两个人一天天地过下去，爱情是玫瑰，只适合锦上添花。现实是多么的残酷，面对生活的苦和累，柴米油盐的琐碎，爱情所有的光芒都会暗淡下去，爱情的花朵也枯萎凋落。等到风景都看透，我们要找的只是一个能陪你看细水长流，把你当成手心里宝贝的爱人。

决定嫁给（娶）一个人，只需一时的勇气；守护一场婚姻，却需要一辈子的倾尽全力。因为，爱情可以高雅到不食人间烟火，就如琼瑶书上写的：只要两情相悦，无灯无月何妨，而婚姻，却要脚踏实地，苦乐与共地和爱人携手走完一生的日子。

有时候，婚姻的缘起，除了爱情，或许还有最现实不过的相依为命。你最后选定了要一起走下去，并真的在同行的过程中相扶相持、白头偕老的那个人，未必是这世上最好、最优秀的那个人，却一定是这世上最适合你的那个人。

你喜欢的人并不一定是适合你的人，而适合你的人也并不一定是你最爱的人。想要找和自己过一生的人，就要努力去寻找最适合自己的人。可能，这个人不一定出众，这个人也并不成功，不是很有才华，但总会有一些，只要认识后你去接触就能发现优点。

在人生的长河中，我们会遇到许多不一样的人和事，也会遇到自己中意和中意自己的人，携手走过了那样一段人生的旅程。在经过无数次的摸爬滚打之后，一次次在角落收拾自己伤口的时候，我们会为自己所做的一切产生怀疑，为什么不能和自己心爱的女孩一起走下去，为什么总会出现这样那样的波澜？

但，为之伤痛的感情只是人生精彩的开始，无论何时，都要记得自己最想要的感情是怎样的。因为那是你的坐标和原点。我们不可能一眼就能认出哪个人是自己宿命的另一半，但我们会去认识和感知对方的感情，慢慢地磨合。记住，感情是两个人的事情，当你感觉到对方对自己的求爱信号毫无反应或是已经拒绝反应时，请收起你的爱，因为你还需要力气去爱你的家人，去爱你自己。

有这样一个故事：

童浩波和郭思雨是大家都公认的金童玉女，他们来自同一个城市。男的高大英俊，有修养、有学识，毕业后当了公务员；女的是系里的系花，活力四射，毕业后在一家杂志社做记者。两个人无论是外形还是经济条件都很般配。但相恋两年后，在即将举办婚礼的三个月之前，两个人却宣布分手了。

大家都忍不住问郭思雨："是童浩波不好吗？"

"他很好，好到我挑不出他的毛病。"郭思雨告诉朋友，如果她和童浩波结婚，真的是一桩世人眼中最好的婚姻，在别人还要辛苦打拼的时候，两个人因为家里条件好，可以轻松地拥有房子、车子。面包、牛奶、爱情，可以说一应俱全了。

可郭思雨是一个有激情有梦想的人，而童浩波是一个按部就班的人，他满足于现实生活的小情调，所以有些不思进取。

比如说，郭思雨买来一本不错的书，希望童浩波也能读一下，但他宁肯和同事吃吃喝喝打麻将，也不肯翻一翻书。在童浩波看来，为了晋升，吃喝搓麻将比读书重要，因为那样可以联络感情，读书却是白白浪费时间。

休息时，郭思雨喜欢去酒吧。她去那里不是为了喝酒，而是了解市井人生的百态，是为了聆听那些人生不可多得的故事。这样，她笔下的人物才会更丰满，更有血有肉。而在童浩波看来，那是风尘女子去的地方。就这样，他们之间因为一些不同的观点而争执，虽然不会争吵，也不会吵架，但莫名其妙的谁也不理谁了。

在郭思雨看来，这就是缘分尽了。

所以，他们分手了。

一年后，郭思雨有了新的男朋友，是一家报社的摄影记者。不久之后，他们就结婚了，婚后的生活也过得十分甜蜜。

一段看似唯美的爱情，未必就可以变成当事人眼中最好的婚姻。婚姻如鞋子，舒服不舒服只有你自己亲自穿在脚上才会感觉得到。外人往往只看到表面的唯美，而忽视了鞋子的舒适性。

婚姻是用来享受的。就像棉鞋一样，除了外观好看以外，还要穿着不夹脚，舒服、耐冷。如果这双棉鞋穿出去就冻脚，就不是棉鞋了，更不会有人在冬天来临之际想要穿它出去。

婚姻中往往没有最好，只有最合适！好的爱情、好的婚姻就跟一双既舒服又保暖的棉鞋一样。

这款男人适合你吗？如果他能像一款好的棉鞋一样适合

你，那么，这就是一桩好婚姻。

心理学家认为，判断男女两个人是否适合"牵手"，应考虑以下10个因素。

第一，彼此都是对方的好朋友，不带任何条件，喜欢与对方在一起。

第二，彼此很容易沟通、互相可以很敞开地坦白任何事情，而不必担心被对方怀疑或轻视。

第三，两人在心灵上有共同的理念和价值观，并且对这些观念有清楚的认识与追求。

第四，双方都认为婚姻是一辈子的事，而且双方（特别强调"双方"）都坚定地愿意委身于这个长期的婚姻关系中。

第五，当发生冲突或争执的时候可以一起来解决，而不是等以后来发作。

第六，相处可以彼此逗趣，常有欢笑，在生活中许多方面都会以幽默相待。

第七，彼此非常了解，并且接纳对方，当知道对方了解了自己的优点和缺点后，仍然确信为对方所接纳。

第八，从最了解你、也是你最信任的人处得到肯定与支持。

第九，有时会有浪漫的感情，但绝大多数的时候，你们的相处是非常满足而且是自由自在的。

第十，有一段非常理性和成熟的交往，并且双方都能感受到，在许多不同的层面上你们是很相配的。

3. 为男人改变自己最划不来

亦舒有名言："为别人改变自己最划不来，到头来你会发现委屈太大，而且，人家对你的牺牲不一定欣赏。"

一个开饭馆的女人，问到她的成功秘诀，她说：其实开饭馆很像女人找对象，一定要有自己的当家菜，才能做成功。不能"傻子过年看隔壁"，人家川菜做得火，我们也做川菜；过两天粤菜火了，又赶着进生猛海鲜；再过一段时间，湘菜进京，又开始烧红烧肉。最后弄来弄去，就会失去自己的特色，没有特色就留不住人。

这个道理对于女人同样适用，你迁就男人的口味，到最后人家口味变了？你怎么办？

看下面这个故事：

二十岁那一年，她是一个大大咧咧、没心没肺的小女生，喜欢笑，喜欢闹，梳一头利落的短发。看着好朋友一个一个逐渐地有了自己的护花使者，她反倒乐得逍遥。偶尔一个人逛街，一个人看碟，一个人泡图书馆，也没什么不好。更何况她还有好哥们儿，那些喜欢和她在一起的男生，他们称兄道弟，一起滑旱冰，吃烧烤。她，并不觉得寂寞。

二十四岁那一年，她已经大学毕业，工作两年，还是一头短发，精神飒爽。虽然已经是一家规模不小的公司的职员，她还是喜欢穿休闲装。公司对员工的着装并没有特别的要求，所以她出现的时候，一定是清爽而休闲的，像一缕微风轻轻拂过。身边的朋友都开始成双成对，只有她还形单影只，家里开始频频为她安排相亲。第一次，她开始正式地和男人约会。

男人请她吃饭，问她，喝点什么？

她说，喝啤酒吧，喝着痛快。

而后，她大口大口地喝酒，男人看着她微微皱眉。

她问男人，你觉得我怎么样？

男人说，我更喜欢温柔贤淑的女人。

她放下酒杯，说，那我应该不适合你。然后，拎起挎包，扬长而去。

时光流转，一眨眼，她已经二十七岁，依然单身，还在家人的安排下不断地相亲。男朋友没找到，她倒是和几个相过亲的男人成了哥们儿。男人结婚时，还邀请她去喝喜酒，她亲眼见证了她相过亲的几个男人一生最幸福的时刻。

很快，她二十九岁了，过生日的时候，她忽然惊觉，原来自己已经成为了传说中的剩女。女人是花，花总有花期，一旦错过，即使招展，也是寂寞。看着死党们个个都在家相夫教子，一脸幸福的样子，她突然有些寂寞了。女人很多时候不是输给自己，而是输给了时间，输给了等待。

这一次，她决定向自己妥协。世事不断更迭，又有什么是不可以妥协的呢？她决定听从死党们的建议，蓄起长发，穿起裙子，学做小鸟依人。

很快，她就遇到一个心仪的男人，他有着整洁干净的气质，微笑的时候，露出洁白的牙齿，温文而又诚恳。她暗自欢喜，我运气还真好。

两个人约在西餐厅，对他所有的问题，她都小心翼翼地回答。她不紧不慢地品着咖啡，甚至抬头看他的时候，也是娇羞无比。整个晚上，她表现得很含蓄，温婉，与以前判若两人。

送她回家的路上，他说："你和我想象的不一样。"

她问："你想象中我是什么样子？"

"听你的朋友说，你是一个率真直爽的女孩子，从来不会去刻意掩饰自己。但见面后才发现原来你并不是这样的女孩。"他笑笑，表现得很无奈。

"那你喜欢什么样的女孩？"

"我喜欢简单、自然的女孩，就像小溪一样清澈见底，我是很简单的人，只是希望两个人的相处可以很轻松，不用猜来猜去。"

她没有说话，在夜色中伫立着，沉默着。

其实，她和许许多多的女人一样，愿意为了心爱的男人去改变自己，哪怕是去做一个和自己完全相反的女人。他说他喜欢女孩穿裙子，你就不再穿钟爱的牛仔；他说希望周末的时候可以和你在一起，你就推掉了朋友们的约会，连坚持了很久的瑜伽班中断也在所不惜；他说最喜欢你微微一笑的样子，你就不敢再开怀大笑；他说不喜欢你穿黑色的衣服，以后哪怕看到再喜欢的款式，你也会忍痛割爱……总之，他说的话就是圣旨，他的意见左右着你的喜怒哀乐。

其实，我们每一个女人都是独一无二的，没必要为了别人而刻意地去改变自己，更没必要为了男人的好恶而放弃自己原有的秉性。如果你为了他，不断地去改变自己，很努力地去接近他的标准，那么，你将离你自己越来越远。你可知道，当你不再是你的时候，当初爱你的男人又会爱你什么呢？你失去自己的时候，你也将失去他。如果你不是对方所期待的那种人，那么再怎么努力也是徒劳的。

记住，女人不是生来就该为男人牺牲和改变的，做男人的花朵风险太大，一旦失去了他的爱，就会萎谢。要做也要做自己的花朵，让自己的努力、坚持、智慧全部变成花朵的肥料，滋养自己盛开绽放。

妮可·基德曼的大名无人不知，无人不晓，这个被澳大利亚封为"国宝"的女人，高贵而典雅。初识她的时候，她站在巨星汤姆·克鲁斯的身边，只是一个小鸟依人的女人。

我非常清楚地记得，曾经看过一幅照片，她穿着一袭长裙，依偎着汤姆·克鲁斯，妖娆妩媚。长裙的一侧开衩到大腿，她的一双美腿展露无疑。当时感觉十分惊艳，看图片下面的介绍，这样写着，汤姆·克鲁斯和新婚妻子妮可·基德曼。

他们是公认的金童玉女，出现在公众视野的时时刻刻都在展示着他们的幸福，可她只被当作花瓶。这样的评价，她也毫无怨言地接受了。虽然1995年的《不惜一切》，她扮演为走红不惜教唆小情人杀害自己丈夫的女主播，赢得了金球奖，但依然只是阿汤哥身边的女人。她当然是热爱家庭、以家为重的，所以一直把主要精力放在家庭和抚养孩子上面，心甘情愿地做阿汤哥背后的女人。

有的时候她也会想，如果自己能演一个很棒的角色该有多好呀，但妮可必须考虑汤姆·克鲁斯的生活。她和汤姆·克鲁斯之间有个约定，他们俩分开的时间不能超过两星期，所以她错过了很多很棒的角色。她想，和他合作的都是世界顶尖级的导演，能看着他表演就已经很幸福了。

然而结婚十年的时候，阿汤哥又爱上别的女人，昔日的金童玉女分道扬镳。对于一直以爱情和家庭为重的妮可·基德曼，这绝对是一个重大的打击。当大家议论纷纷，以为将看到一个萎靡不振的失婚女人时，她却擦干眼泪，又容光焕发地出现在公众面前。她的绝世才华也是她从汤姆·克鲁斯的背后走出来时才得以展现的，属于自己事业的春天也终于到来。在《小岛惊魂》《红磨坊》《此时此刻》《狗镇》《翻译风波》等一系列影片中她均有杰出表现，如愿以偿拿到了奥斯卡小金人。

接受记者的采访时，她这样说："终于可以随心所欲穿想要穿的礼服。以前每次参加奥斯卡颁奖典礼，我都必须考虑汤姆的身高而不能穿高跟鞋，当然也不能穿样式他不喜欢的礼服，以前汤姆最讨厌我穿红色的礼服，今年我倒是想穿一套闪亮的红色礼服，让喜欢我的影迷瞧瞧我艳丽的模样。"

如今，妮可·基德曼已过不惑之年，不过这并不妨碍她继续成为众多男人心中的女神。同时，她也是年轻女孩子学习的榜样。她美丽又优雅，坚强又有头脑。看看妮可这些年来的倩影，能学到的除了穿衣打扮外，还有她眼神中的独立和勇气。

她是一只破茧而出的蝴蝶，经历过完美的重生，飞上了世界的枝头，不落痕迹地活在影像中。都说一个女人的成熟，背后定然有个男人的身影；而妮可的惊艳，却是因为终于摆脱掉了那个叫做汤姆·克鲁斯的男人的光环。

在她身上，人们知道女人拥有了自己，才拥有这个世界。

4. 爱到八分刚刚好

真爱上了一个人，女人总希望能爱到100%。当你付出了100分的热情，也就意味着，对男人而言，这个女人不再神秘、这段爱情不再有幻想的空间。

一个姑娘，经历过四段刻骨铭心的爱情：

第一个男友，她为他改头换面、倾其所有，为他辞去了异乡前程似锦的工作，为他疏远了身边的同性异性好友……天天在家，做稚嫩的小主妇，买菜、做饭、化妆，等他下班……直到三年之后，她被甩。真的像极了电影里面的桥段：我苦苦等你，却只换回一句"分手"的短信。

第二段感情大致也是如此，只是她被甩的时间提前了些，不到两年，男友就毫不犹豫地跟她说了"拜拜"！

第三段感情亦如此、亦是被甩。

连伤三次之后，她自己也纳闷：为啥我总是遇人不淑？！为啥我这个痴情女总遇上薄情郎？！为啥我为他们付出了一切、却只换回他们的无情背叛？！

姑娘为此消沉了一段时日。挣脱出来之后，她做了一个决定："今后，不论遇上什么样的男人，我只做我自己、只做能让我高兴的事情，我不再为取悦任何男人而生活！"

后来遇到了第四任男友。她早不再是那个为了爱情而活的小女生，如今的她，即便恋爱了，也依旧有她独立的生活姿态。陪闺蜜逛街会推掉和男友的约会；加班赶稿，可以让男友把生日聚会推迟一天；她只买自己喜欢的衣服，只看自己喜欢的电影，偶尔下回厨房，也一定多做一个自己爱吃的菜……想想之前的三段情，连她自己也觉得对现男友太恶劣了。不过她彻底想通了，恋爱就是为了让自己快乐！她随时随地准备好了分手，她不会再向任何人妥协而牺牲自己真实的快乐！

交往一年后，男友特意正式地找她谈。她已做好了分手的心理准备。不过男友却说："我们结婚吧。只有你做了我老婆，我才觉得能彻彻底底地把你抓牢了！"

回想前情旧爱，她感慨良多：曾经那么重视爱情，却屡屡被爱情甩掉；如今那么重视自己，却被爱人当成了宝贝！爱情，到底是什么？

大概每个女人，都会经历这一夜的成熟。不彻底经历这一次从"伤"到"悟"的过程，爱的学分，她永远修不及格。

越是爱得失败的人，越是那些爱得最深切的人。当他的关注度过分集中在一个人身上时，那个人会感受到无法承受的沉重。

《东京爱情故事》中，完治对莉香说："你给的爱太重了，我背负不起！"

好令人心伤的一句话！有些男女的分开，不是因为不爱，而是因为太爱。那些爱得太过深切的女人，总在用爱，把心爱的男人逼跑。

展目望望如今的恋爱趋势，不难发现：谈37℃恋爱的人越来越多。比正常体温稍高一点，那是爱的热情；但也绝不会高太多，因为，即便恋爱，也要维持适当的清醒，这就是所谓的"20%的爱留给自己"。

由此想到了如今白领群体中，流行一种"0.8生活哲学"，其定义是：不必每件事都做到十成满，尽80%的力气就好，剩下20%权当回旋的余地和养精蓄锐的本钱。生活需要冲，更需要缓冲。

恋爱又何尝不是如此。

女人在恋爱中应该永远致力于一种工作：你若想彻底拥有他，便不能让他有已然彻底拥有了你的感觉！

让我们一起看看小白兔的恋爱故事。

小白兔有一家糖果铺，小老虎有一个冰淇淋机。兔妈妈告诉小白兔，如果你喜欢一个人呐，就给他一颗糖。小白兔喜欢上了小老虎，那么那么喜欢，忍不住就把整个店子送给了他。

回家后兔妈妈问她，那小老虎喜欢你吗？小白兔直点头。妈妈说，那他为什么不给你吃个冰淇淋呢？

小白兔说，他是要给我来着，我说我不爱吃。兔妈妈说，那你真的不爱吃吗？有七种口味呢，巧克力味道的里面还有你最爱吃的杏仁啊。小白兔用脚划拉着地板，喃喃地说，其实我也挺爱吃，只是光想着把糖给他了。

小老虎有了糖果店，小白兔说不如我帮你把冰淇淋机推到公园去卖吧。夏天可真热啊，冰淇淋每天都卖得光光的，大家都夸小白兔好聪明。小白兔呢，还是一口也舍不得吃。她就想等小老虎亲手送她一个，小白兔自己也没发现，她最爱的口味已经换成了香草，想要的也不再只是冰淇淋了。

时间一天天过去了，小白兔还是没有吃到冰淇淋。倒是隔壁铺子卖饼干的小熊，给了她一盒小兔子造型的曲奇。小白兔留下糖果店和冰淇淋机给了小老虎，跟小熊去了更远的小公园卖饼干。兔妈妈问她，你不是不喜欢吃饼干吗，怎么又收下了呢。小兔子揉着红红的眼睛说，我就是饿了。

后来小兔子听说，小老虎把冰淇淋机送给了小企鹅，和她一起住在了糖果店里。小熊把这些告诉小兔子的时候，她耷拉着耳朵呆了很久。小熊开玩笑地问她，你是不是后悔没有吃个冰淇淋再走呀。小白兔愣愣地转过脸说，就是有点难受，没能留些糖给你。

小兔子卖力地帮着小熊卖饼干，没多久就又攒了一笔积蓄，买了新的糖果铺。这次兔妈妈千叮咛万嘱咐，她说宝宝啊，这糖要慢慢地给，不然后来就不甜了。小兔子嘴上连连答应，心里却想着小熊收到糖果店该多开心啊。她只知道小熊又加班去了，不知道他小鸭子形状的饼干马上就要烤好了。

小兔子回家看到了偷偷藏起来的小鸭子饼干，什么也没有多问，只是跑回家跟妈妈大哭了一场。她呜咽着和兔妈妈说，小熊最喜欢吃糖了，我终于可以给他糖果屋了，他为什么要离开我呢？兔妈妈笑了，她摸摸小兔子的头说，当他不爱你了，你的糖就不甜了。

小兔子还是想不通，只好带着糖果店搬去了更远的地方。小鸭子可不是什么善茬儿，她不知从哪里打听到了糖果店的事。一天饭后，她揶揄地告诉小熊，哎呀你可不知道吧，你心里最单纯的小白兔，背着你用卖饼干的钱给自己买了好东西呢。不久之后，小兔子就收到了小熊的来信。

信里只有短短几句话，大致是说小兔子走后饼干铺子生意一直不好，钱怎么说也是卖饼干挣来的，希望小兔子能把糖果店还给他。小兔子看完信后眼睛哭成了桃子，她想起了妈妈的话，把店给了小熊。兔妈妈说小兔子是韭菜馅的脑子勾过芡的心啊。她说，妈妈，其实糖还是甜的，只是人生太苦了。

喜欢上一个人，就会使劲对他好，恨不得掏心掏肺给他看。她以为只有这样，才能让爱情活得更久一些。可惜那时候的小兔子还不明白，其实任何东西啊只要够深，都是一把刀。

八成的热度，足以帮你维持好一段最佳感情状态，多出来的那两成，你需要用它来做更好的自己！

一个女人，若有能力让自己活得光鲜、活得快乐，便足以吸引男人的心。爱情中，女人，稍稍自私一点，也不见得是坏事。至少，这种"自私"，也是她的另一种"自爱"，证明她对自身价值拥有自信心。

那些想爱、却总被爱所伤的朋友们，爱情面前，先别太心急。在进入恋爱之前，先修好这"0.8"学分。这八成熟的哲学，总能让恋爱走得更顺一些……

在热恋的时候，全身心的付出，甚至超全身心的付出，容易给对方很大的压力，让对方喘不过气来，想要逃跑。你越给，对方越想逃。长时间这样的付出，对方已然习惯了，有天你做得疏忽了或者疲惫了，对方就开始觉得你有问题，变心了。

所以，还是仔细看看身边的人吧，或许他已经等你很久了。当你爱一个人的时候，爱到八分刚刚好。所有的期待和希望都只有七八分，剩下两三分用来爱自己。如果你还继续爱得更多，很可能会给对方沉重的压力，让彼此喘不过气来，完全丧失了爱情的乐趣。

对待自己的爱人，有的时候就像是管孩子，不能撒手不管，也不能一味迁就。孩子要糖吃，吃多少给多少，最后得了牙病，疼起来还怪你。10块糖，一天吃完，幸福一天；10天吃完，10天幸福。好的恋人就像是好的家长，知道细水长流，知道月盈则缺，水满则溢，懂得"度"的使用和技巧，这样才可以在爱情中成就自己，也同时塑造对方，让感情的路走得长久而甜蜜。

请记住，喝酒不要超过六分醉，吃饭不要超过七分饱，爱一个人不要超过八分。

5. 独立是女人最成熟的魅力

萨特的终身伴侣波伏娃曾说："即使选择了独立，对多数女人最有吸引力的，也仍然是爱情这条道路；让一个女人承担她自己的生活责任，会令她感到苦恼。她甘愿受奴役的愿望是那么强烈，以至于在她看来这种奴役表现了她的自由。"女人的自然使命和天职是什么呢？爱情，珍爱唯一一个人的爱情、永恒的爱情。但是，更重要的其实是工作独立、事业独立和经济独立，然后一定要感情独立。

所谓感情独立，是无论恋爱的结果是什么，你都应该明白，你需要的是自己能够感受到的快乐，而不是他快乐、你就快乐，他悲伤、你就悲伤。要知道以男人的反应为标准来衡量爱情，爱情的技巧越多，就越没有效果。要感情独立，才能做到大道无术。而那些恋爱的技巧，是锦上添花。

刘晓秀是一个很普通的女人，她的丈夫陈世强是某教育训练集团的总裁，拥有上千万资产。他们结婚十年了，刘晓秀从来不害怕失去他，反倒是陈世强变得唯恐失去她，费尽心机地讨好她。这背后究竟有着怎样的故事呢？

刘晓秀和陈世强曾经在深圳一家公司里做没有底薪的推销员，他们不像别的夫妻那样拼命地攒钱，只要手头上有钱了，就会拿去参加学习培训，购买书籍，听各类课程。

共同学习，使他们能够经常产生共鸣。夫妻关系，如果不产生共鸣，不是你消失，就是对方消失。刘晓秀说："如果一方在超越，一方依然在原地踏步，两人的关系肯定不会长久，即使没离婚也是名存实亡。"

2004年，陈世强成立了某教育集团，分公司遍布全国各地。他很忙，差不多三四个月才回一次深圳的家。

大多数女人在丈夫长年不在家，又疏于跟她联系时，会感到孤独、寂寞，而刘晓秀却把一个人的生活过得有声有色。

她一个人在家时，就安静地看书，有时会流连美味的餐厅，也会在路边咖啡厅静坐良久，看街上人来人往。

她有许多男性朋友，有企业家、社会名流、文化精英。她经常与这些男性朋友喝茶聊天。她喜欢跟这些优秀的男人聊天，总能从他们那儿获得一丝灵气，接受一份独特的观念，分享一点智慧，进行一种交流。

她还经常一个人背着包，去很远的地方旅游。她看到了很多有意思的东西，遇到了很多有意思的人。她似乎一点儿都不紧张陈世强。陈世强年轻帅气，知识渊博，为人风趣幽默，再加上事业越做越大，周围自然会有很多女人围着他转。经常有漂亮女人给他发暧昧短信，甚至有女人直截了当向他表白。

有人问她："你难道不害怕有一天你的男人会被别的女人抢走吗？"她答："他从来就不是'我的'，他是他自己的。"

事实上，夫妻关系中一旦我们觉得谁属于我们，就很容易失去对他的尊敬和礼貌。随之而来的反应就会是去告诉他，他应该做些什么，应该怎么去生活；更有甚者，会认为他就应该听从我的指使。只要你认为你的伴侣为你付出是理所当然的，这样的婚姻就不会长久，因为没有人喜欢被别人控制。刘晓秀说："如果他一生都爱我，我当然高兴。如果有一天，他真的跟我离婚，我也应该高兴，因为我不用同一个不愿和我在一起的人生活。"

有女人直接向刘晓秀发起挑战，那是一个漂亮而时尚的女人，长腿、硕胸、细腰。她打电话给刘晓秀，直截了当地说："我爱上了你丈夫。"别的女人听到这句话可能气得咬牙切齿，刘晓秀却笑着说："谢谢你欣赏我的男人。"陈世强回来时，她奔上去，搂着他的脖子说："老公你太棒了，刚才有个女人打电话来说爱上你了。"她压根儿没把这当一回事。

2005年，刘晓秀和陈世强结婚十年了，在这个婚姻无比脆弱的年代，他们恩爱如初。许多女人羡慕刘晓秀，说她找到了一个好男人。刘晓秀却毫不谦虚地说，是陈世强运气好，娶到她这样的优秀的女人。大多数女人结婚是为了找个男人来依附，使自己的人生完整。而刘晓秀却说："对于我来说，婚姻的目的并不是找一个能令我完整的男人，而是找一个可以与他分享我的完整的男人。"

她的完整像一粒钻石使陈世强的事业熠熠生辉。陈世强工作上遇到困难，打个电话给她，她以旁观者的身份三言两语就能把问题分析得清清楚楚，使她轻易就找到解决问题的方法。陈世强不喜欢社交，但是社交接触常常会产生有价值的商业伙伴，因为大多数人都喜欢和朋友合作共事，而不喜欢和陌生人在一起。于是刘晓秀充当丈夫的外交官，经常去参加一些社交活动。看到可以跟丈夫合作的人物，她会积极争取，想方设法使别人对陈世强产生好感。陈世强的许多商业伙伴都是刘晓秀找来的。

谈起妻子，陈世强从不掩饰他的骄傲，他说是她让他飞得更高更远，使他拥有今天这么庞大的事业。以前生活的艰苦，像一捆粗糙的绳子，有时会紧紧地捆住他心灵的翅膀，但只要跟她在一起，他就有从绳索中飞出来的感觉。

这样的女人，没有男人爱慕是不可能的，即便她已为人妻。有客户从美国过来，千里迢迢，只为亲手递给她一束红玫瑰；她一个人去酒楼吃饭，有陌生男人偷偷为她买了单，让服务员转交给她联系方式。

陈世强大部分时间在石家庄，而刘晓秀在深圳，两地分居使陈世强很害怕她被别的男人抢走。多年来，刘晓秀已经成为了他生命中的一部分，如果失去她，他不知道该怎么办。

因为她不怕失去他，反倒使他变得唯恐失去她；因为她并非小鸟依人般地依赖他，他反倒想与她形影不离。

一个人的性格一半是源于遗传，还有一半是由于后天的环境影响和教育。女孩在成长过程中，家长会不自觉地给她们过多的保护，女孩似乎就应该比男孩娇气一些，男人就应该帮助女人。结果导致女人比男人有更多的依赖性。

许多女性结婚以后主要精力都放到了丈夫和孩子身上，觉得有丈夫在外面奋斗就行了，夫贵妻荣。当丈夫的事业发展了，孩子长大成人了，她就变成了多余的人，在别人眼中毫无吸引力，自己也感到很自卑。

女性身上的母性使自己愿意无私奉献，但女性一点也不考虑自己的成长、事业和爱好，很快就被奉献空了，最后失去自我。即使家庭很富有，女性也应该有自己的事业和空间，因为女性的自信来源于自立。

有人把女人比喻成一本书或一所学校，但是，如果没有了新鲜的内容，那还有什么吸引力呢？所以，女性在关心家庭的同时还应该多关心自己的事业发展、人格修养，让自己的生活充实起来。

独立，对于女人不仅仅是一种美德，也是一种成熟的魅力。像《2046》里巩俐饰演的黑蜘蛛，有着一双看破尘世浮华的淡漠的眼，一张诱人的烈焰红唇，一袭黑色的紧身小礼服，高贵优雅地出现在众人面前，让人有一种惊鸿一瞥的感觉。《甜蜜蜜》里张曼玉饰演的展翘，则是一位可爱的女人。她是一株无论在什么环境下都能够茁壮成长的杂草，有着极顽强的生命力，有着独到的见解。还有身残志不残的张海迪，一个高位截瘫的女人，凭借着自己顽强的意志读完博士，时刻想着为这个社会尽一点绵薄之力。她们因为独立而使平淡的生命变得异常精彩，她们的优雅源自生命的最深处，平添了一分令人赞赏的迷人气质。

历史上，好女人总是作为某个男人的附属品而存在，而今时代不同了，聪明女人了解了独立的意义，她们相信独立的女人是最美的。独立的聪明女人就犹如盛放的郁金香，那矜持端庄的花姿，娇鲜夺目的花朵，衬以淡绿色的叶片，散发着属于自己的芬芳，姿态永远是那么优雅，气质永远是那么迷人。

每个人都是独立的，聪明女人懂得为自己而活，自尊自强自爱，生活才会更有价值，这样的女人身上会散发出迷人的芬芳，也能赢得男人深厚的爱。

徐志摩对人谦和，但唯独对待自己的前妻张幼仪到了残忍的地步。说她是土包子，言语间充满嫌弃。当时张幼仪有孕在身，徐志摩却为了追林徽因提出离婚。

同时代的女子，朱安一生坚守，把自己放低到"大先生"鲁迅的尘埃里，却始终没有开出花；蒋碧薇一再重选，在不同的男人身边重复同样的痛苦，却晚景凄清；陆小曼不断放纵，沉湎于鸦片与感情的迷幻完全丧失独立生存能力。唯独张幼仪，这个当年被徐志摩讥讽为"小脚与西服"的女子一边独自带着幼子在异国生活，一边进入德国裴斯塔洛齐教育学院读书，虽然经历了二儿子彼得的夭折之痛，但离婚三年之后，徐志摩在给陆小曼的信中再次提到这位"前妻"时，却赞叹她是"一个有志气有胆量的女子，这两年来进步不少，独立的步子站得稳，思想确有通道"。得到一个曾经无比嫌弃自己的男人的真心褒奖是多么艰难的事，离婚之后，张幼仪的人生有了鲜花与掌声。

张幼仪离婚后的人生简直像一出励志大剧，人生为她关上了婚姻的大门却打开了事业的窗口，在金融业屡创佳绩，股票市场出手不凡，创立的云裳时装公司还成为上海最高端、生意最兴隆的时尚汇集地。

独立的女人，一定会同时面对情感上的创伤。即使如此，她们仍然善于把挫折转化为事业成功的动力，至少，不会一蹶不振。她们知道幽默，知道自我开解，知道原谅，知道轻松。因为，她们把快乐放在自己手心，不系在别人的言行上。

新女性应该有完整独立的人格。独立是一种很高的境界，它需要高素质的心态和全新的价值观。

6. 谢谢你，曾经爱过我

在生活中，当爱成为彼此间的一种束缚时，一定要学会放手，给彼此充分的自由，这样才能在对方面前保持起码的自尊，才能让爱成为生命中的一种永恒的美丽。

施恩和雨燕在大学里就确立了恋爱的关系，在学校里，两个人一起上课读书逛街，校园的林荫道上经常见到这对亲密的情侣手牵着手散步。食堂里也经常出现两张写满幸福的笑脸。四年里的花前月下让这对心心相印的年轻人对未来充满了无限美好的期待和渴望。

毕业后，两个人在同一所城市里工作。每到下班后，两个人回到租的房子里度过甜蜜的二人世界。为一道菜该不该放醋而打情；一起坐在客厅里看电视，为一句笑话台词而骂俏；没有惊喜浪漫，也没有恼怒争吵，经营着简单的幸福。

到了谈婚论嫁的年龄了，两个人决定告诉双方的父母。可是，雨燕的父母知道施恩只是一个穷小子时，无论如何也不同意把自己的宝贝女儿嫁到去受苦。雨燕苦苦哀求，可是两位老人却并没有松口。后来，还把她骗回家，想通过隔绝两个人的联系来让雨燕忘掉施恩，结束这段门不当户不对的爱情。然而，天性倔强的雨燕却不愿意任由父母摆布，几次三番地试图逃出。父母看到后，决定让她出国留学，让这对痴情人天各一方。雨燕依然选择了对抗，拒绝父母的安排。在争吵的僵持中，不觉已经过去了几个月。几个月里，手机被没收的雨燕一直和施恩没有联系。

有一天，雨燕的一个大学同学来看望她，带来了一个十分震惊的消息：心灰意冷的施恩放弃了这段没有结果的爱情，和一个乡下姑娘结婚了。这简直是晴天霹雳，雨燕呆住了。想起大学时两个人的恩恩爱爱，又想到以后再也不能和施恩在一起了，心痛得好像针扎一样，对这个在自己面前说过无数次甜言蜜语的家伙痛恨至极。自己苦苦地等待和抗争，全部失去了意义，一切的一切都在验证着痴情女子负情汉的古老寓言。痛苦不堪的雨燕经过几天的以泪洗面之后，感到生活充满了阴暗，人间充斥着阴险，最终在一个夜晚用一瓶安眠药结束了自己的生命。

"背不动，就放下"，这是一句至理名言。无法挽回的爱情就是沉重的包袱，你又何必背负着它苦苦挣扎呢？昨天的伤口已经绽开，鲜血流过悲伤的胸膛，痛苦流泪和心碎的绝望干扰着你的情绪，当灵魂蒙上阴影的时候，你是否想过如何治愈自己的伤口，早日摆脱心头的阴霾？

给对方自由，也是给你自己一份快乐与自由。要知道，人世间曾有太多的令人心碎的安排，过于执着只会给彼此带来疼痛、悲哀和伤害。所以，我们要顺其自然。退一步海阔天空，学会放手，学会给对方以自由。给他爱你的自由，也给他不爱的自由，这样，不也是一种美丽吗？

天涯何处无芳草，人间自有真情在，自己的柔情一定会有人读懂。既然双方都疲惫了，不妨让彼此都休息一下，别在失去感情的同时也失去了自尊。这时候，你可以静静地坐下来，抬头看看天、看看树，再洗把脸，听首歌，读一段小诗，梳梳头发、照照镜子，看看里面的那双眼睛是不是还依然炽热。告诉自己：你并没有失去什么，那些不属于自己的东西是注定得不到的。

不是每一朵花都能够如期地开放，也并非每一朵开过的花都能结出果实来。对于感情来说，当你爱一个人而得不到回报的时候，在你付出千般努力也无法得到一个许诺的时候，在你因爱而受伤的时候，千万不要再继续与自己较劲了，要学会放手，给彼此自由。否则，带给你的只有无尽的痛苦和烦恼。

普希金是俄国著名的民主主义战士，也是俄国历史上极为有名的诗人，深得广大人民的喜爱。可是，一个才华横溢的生命，却在一场爱情的变故中消逝，几百年来，仍然让人感到惋惜。

1828年，普希金在一个舞会中认识了18岁的娜达利娅。这位漂亮的女孩子犹如刚刚开放的玫瑰，娇艳欲滴，清香诱人。多情的普希金见到了，片刻不守舍，认为这就是自己一直寻找可以陪伴终生的另一半。当场向娜达利娅求婚，但遭到了拒绝。普希金并没有因为这次的失败而退缩，开始了漫长的追求过程。终于在1830年实现了心中的梦想。才华出众的普希金和倾城倾国的娜达利娅结合，得到了朋友们的祝福，认为这是郎才女貌的天作之合。

结婚之后，普希金陶醉在了幸福之中。而向妻子表达爱意的方式就是他视之为生命的诗歌。可惜，妻子对他的才华并不感兴趣，柔情的诗句在她听来和枯燥的公文一样乏味。有一次，几个朋友来普希金家，朗诵普希金写过的诗歌，娜达利娅只是礼貌地听着，客气而又冷漠地说："朗诵你们的吧，反正我也不听。"她对诗歌的冷淡让朋友们面面相觑。

普希金虽然满腹经纶才高八斗，可是妻子却只是贪图物质享受，爱慕虚荣。两个人在一起，很难找到共同语言。当普希金把这位貌若天仙的女子娶进门后，幸福的日子持续了没有多长时间，就被娜达利娅无尽的欲望折磨得疲惫不堪。为了维持妻子体面的生活，普希金在短短的几年之内就欠下了六万卢布的巨额债务。高额的债务把这位浪漫的诗人压得抬不起头来，频繁的应酬使他丧失了宝贵的写作时间。他在给朋友的信中写道："对生活的操心使我没时间感到寂寞，我已经没有单身汉时用来自由自在地进行写作的时间了。我的妻子非常时髦，这一切都需要钱。而钱我只能通过写作来获得。而写作需要幽静，单独一人……"然而，作为家庭主妇的娜达利娅却从不关心丈夫的感受，继续出入于各个交际场中，享受着糜烂的生活。

娜达利娅看到当初崇拜不已的丈夫是一个穷光蛋之后，开始了对他漫长的抱怨。后来感到这位只懂得长吟短叹的诗人无法再支撑她所需要的生活之后，便和一个军官打得火热。妻子的变心让自尊心很强的普希金无法接受，决定采用西方特有的方式，和那个军官决斗，捍卫自己的爱情和尊严。在1837年1月27日，两个人的决斗在彼得堡外的黑山进行，在决斗中，普希金的心脏停止了跳动。他的死，让朋友们感到十分伤心，也让俄国的文学史上失去了最灿烂的明星。

爱情是美好的，人类几千年的历史留下了许多让人热泪盈眶的讲述悲欢离合的故事。一个个美丽的传说激励鼓舞着我们在情感的道路上寻找一份内心深处的幸福。可是，命运总是喜欢捉弄感情丰富而又十分脆弱的人们，小心翼翼地呵护着的情感，瞬间化作了过往云烟，留下一个孤独痛苦的身影在黑夜里徘徊，巨大的心灵创伤让多少痴情的种子暗自饮泣，痛不欲生。生活在世的我们，很可能会因为这飞来的横祸而迷失而堕落，丧失了生活的信心，失去了寻求幸福的心情，过着以泪洗面的痛苦生活。在这个时候，我们应该从爱情的心酸之中，选择一种理智的思维。情感生活是重要的，却并不是生命的全部，我们应该及时地抽出身来，告别内心的伤痛。毕竟，生活的道路还很长，生命中还有很多值得欣赏的风景。

人生的风景并不是只有一处，在你为逝去的美景哭泣的时候，眼前可能是一幅更美的画卷。不要沉醉于过去的情感，失去了意味着这段情感不适合你，一段更好的感情正在等待你。不回过头，你怎能看到眼前的美景？不放下过去，你怎么会获得自由？

人生犹如一部戏，我们每个人都是戏里的主角，每个人都不可能把自己的角色演到极致而不留一丝遗憾，没有遗憾的人生不是完整的人生。放下过去，还给彼此自由，让彼此生活得更好，这才是一段真正完美的感情。所以，当你被某些事情纠缠得心力交瘁的时候，一定要告诉自己：只有放下，才能重获快乐和自由！

第四章

狭路相逢，让"三分"余地给身边人

生活中，我们每个人都与社会有着千丝万缕的联系，所以凡事都不要做得太绝，给人留"三"分余地，也就是在给自己留后路。当我们用宽容大度的品德修养来对待事情，别人也才会发自内心地产生尊敬，由此我们就会体会到生活的愉快和快乐。

1. 站在别人的角度多想想

身为社会人，不可能游离于他人之外，所以一个人既要活出自我，又要能为别人着想。当你急躁地为自己打算时，难免会伤害到别人，影响自己的声誉，你应该在学会为自己打算的同时更为他人着想。

吕嘉宁是一位留学生，曾经在美国的一家快餐店打工。有一天，他错把一小包糖当作咖啡伴侣递给了一个女顾客。女顾客非常恼火，因为她正在减肥，必须禁食糖和一切甜点心。她大声嚷嚷，简直把那包糖当成了毒药，生气地说："哼，你竟然给我糖！难道你还嫌我不够胖吗？"当时吕嘉宁完全不知道减肥对美国人有多么重要，他一下子愣在那里，不知所措。

这时，快餐店女经理闻声而来，她在吕嘉宁耳边轻轻地说："如果我是你，马上道歉，把她要的快给她，并且把钱退还给她。"吕嘉宁照着经理的话做了，再三道歉，那女顾客哼哼了几下就不出声了。这件事是快餐店的一次小事故，吕嘉宁等着经理来批评或辞退自己。可是，经理只是过来对吕嘉宁说："如果我是你，下班后我大概会把这些东西认认真真熟悉一下，以后就不会拿错了。"

不知为什么，这一句"如果我是你"，竟令吕嘉宁感动不已。后来，他无论在学校上课，还是在其他地方打工，发现无论老师也好，老板也好，明明是对你提出不同意见，明明是批评你，他们却很少会直截了当地说："你怎么做成这样？你以后不能这么干！"而是常常委婉地说："如果我是你，我大概会这样做……"这句话使人不感到难堪，不感到沮丧，反而让人感到有那么点温暖、那么点鼓励。

仔细分析，这些人说的话只是多了那么几个字："如果我是你……"就一下子站到了对方的立场。大家平等，情绪自然不会对立，沟通也更容易进行。

肯尼斯·古地说："如果你多从别人的角度想想，你就不难找到妥善处理问题的方法，因为你和别人的思想沟通了，有了彼此理解的基础。"人就像一块磁铁，吸引思想相近、志同道合的人，排斥其他不同类的人。如果你想结交仁慈、慷慨的人，自己也必须先成为这样的人。种什么因，收什么果。你所有的思想，最后都会回到你的身上。

历史上占取别人的利益而埋下隐患的事例不胜枚举，所以应中庸处世，"苟非吾之所有，虽一毫而莫取"。

孙膑与庞涓同在鬼谷子门下学习兵法，孙膑是鬼谷子最优秀的学生，才能和智慧远在庞涓之上。庞涓下山做了魏国军师，自知才学不如孙膑，觉得孙膑是自己前程的潜在威胁。为了消除这块心病，便写信给孙膑，骗他到魏国来成就功名，而其真正的目的则是让孙膑落入他的股掌之中，永无出头之日。孙膑来到魏国，魏王想拜他为副军师，但庞涓以种种借口加以阻挠，最后魏王只让孙膑做了一个客卿。此后，庞涓不断在魏王面前讲孙膑的坏话，魏王将信将疑。

有一次，齐国使者慕名而来，想聘孙膑到齐国施展才华，孙膑效忠魏国而加以拒绝。庞涓利用这个事实，向魏王进谗："孙膑虽然身在魏国，但心仍在齐国，这次齐国使者来就是与他私通的。"魏王大怒，不分青红皂白，加罪孙膑，就这样，孙膑莫名其妙地被处以削去膝盖骨的重刑。孙膑受刑后，庞涓便假惺惺地对孙膑表示关怀，劝他在狱中写兵书。兵书写成之后，庞涓露出了本来面目，想把兵书据为己有。孙膑这才恍然大悟，原来自己的一切遭遇，都是庞涓造成的。孙膑万分绝望，决定忍辱偷生。

从此，孙膑便装成受刺激过度而发疯的样子。庞涓开始并不相信，对他施以种种非人的折磨来加以考验。把他拖入猪圈，孙膑在猪圈里又哭又笑，在猪尿里打滚，还吃猪食，啃泥巴。通过这些一般人难以做到的残酷的表演，孙膑终于使庞涓相信他真的疯了。后来，齐国的一位使者来到魏都大梁，孙膑托人偷偷地去见齐使，陈述他被害的经过并请求营救。齐国使者用计把孙膑用柴车运到齐国。孙膑到齐国后，受到大将田忌重用，被拜为齐威王的国师，指挥了军事史上著名的"围魏救赵""马陵之战"等战役，屡败魏军，最后射杀了庞涓。

一个好利的人，他做事往往不择手段，而且常超出道义范围，其危害很明显，容易使人防范，后患也就不会太大；反之，一个好名的人，经常满口仁义道德，沽名钓誉，他所做的坏事人们就不易发觉，结果所造成的后果就非常严重。

邻街有两家餐馆的汤做得都很好，但是第一家的生意冷冷清清，第二家的生意则红红火火。有一个客人想看看这其中的奥妙。他首先来到第一家餐馆，要了一份他感兴趣的汤。入座不久，服务生将一大盆汤放在他面前。他一愣，问道："我怎么能喝得了这么一大盆汤？"服务生理直气壮地回答："你只说要一碗，没说要一小碗呀！"客人无奈，喝汤的心情也没有了，匆匆喝了几口，便按一大盆汤的价格付了钱后拂袖而去。

过了几天，这位客人又去另外一家餐馆喝汤。他要了一份自己感兴趣的汤，不一会儿，服务员端上来一小碗汤，并说："如果不够，可再来一碗。"他只喝了一小碗，当然只付了一小碗汤的钱。

这位客人终于弄清楚了这两家餐馆生意反差如此之大的原因。后来，只要想喝汤，他就去第二家餐馆。

只有切实为顾客着想，而不是想方设法算计顾客的商家，才能长久地赚钱，因为最聪明的永远是顾客，算计顾客的商家永远是愚蠢的商家。

当今，我们处在一个竞争非常激烈的时代，人人都有一种危机感，生怕丢掉饭碗，丢掉手中的权力。所以，有些人行为渐渐偏离了正常的轨道，想投机取巧地侵夺他人的利益，致使人际关系陷于紧张状态。

当你身边有试图抢你利益的人时，该怎么办？第一，要寻找恰当的机会向对方澄清功劳是你的。第二，不妨夸赞抢你功劳的人，然后重申功劳是自己的。这种方法对下属和职业女性来说特别适用。第三，退出争夺战。初看起来，这似乎不是一种方法，但对某些人来讲，这或许是最好的。你应该问一问自己：哪个更重要，是暂时的利益，还是长久的人际关系利益？如果你看重的是与人长期相处的利益，不如把功劳让给对方，或"以德报怨"，让对方感到你是个大度的君子。

在为人处世上，我们切不可抢人功劳，占取他人的利益。一时之欢，片刻的满足，埋下的往往是长久的祸患，要明白世上有种人是"记仇"的，你今天占取了他的一点利益，他明日可能要加倍讨回。

2. 诚实是成功的基本要素

"诚实"这个品性，在人们的心目中神圣、伟大，几千年来，社会始终将它当作做人的基本准则。荀子说："君子养心莫善于诚"；宋朝的程颐说："以诚感人者，人亦以诚而应；以术取人者，人亦以术而待"；清朝的龚自珍说："鄙夫较量智愚间，何如一意求精诚"；鲁迅先生说："假如一个人还有是非之心，倒不如直说的好；否则，虽然吞吞吐吐，明眼人也会看出他暗中'偏袒'哪一方，所表示的不过是自己的阴险和卑劣。"

从前，有一位宽厚仁慈的老国王。他没有子嗣，眼看身体一天天不行了，王位却无人继承。有一天，他想出个办法，决定在国内挑选一名诚实的孩子作为自己的接班人。

告示贴出后，家长们护送孩子纷纷涌入王宫。老国王拿出许多花籽儿，分发给每一个孩子，并对他们说："谁能用这种子培养出最好看的花朵，谁就是我的继承人。"

所有的孩子都在大人的帮助下，播种、浇水、施肥、松土，不分昼夜地看守，照顾得十分周到。其中有个叫雄日的孩子，他整天用心培育花种，但10天过去了，半个月过去了……花盆里的种子却没有发芽。他很纳闷，就去问母亲。母亲说："你把花盆里的土换一下，看看行不行？"他这样做了，但种子始终没有发芽。

一转眼，国王规定献花的日子到了，其他孩子都捧着盛开鲜花的花盆涌向王宫，排成长队，等待国王的奖赏。只有雄日捧着没有花的花盆站在大门旁，默默地低头哭泣。然而，国王对那些捧着鲜花的孩子看都不看一眼，径直来到雄日面前，问他为什么捧着空花盆。雄日觉得自己很笨，哭得更厉害了，边哭边说出了自己如何精心培育花种，最终却无法让种子发芽、开花的经历。

国王听完，欢喜得流下了眼泪，握着雄日的手，说："我的孩子，你是最诚实的，你就是我要找的人。你不知道，我发给大家的种子都是煮熟了的，根本发不了芽开不了花。"后来雄日成了王位的继承人。

约翰是一名成功的房地产企业家，其成功秘诀就在于诚实。

约翰早期从事房地产交易时，有一次带买主去伊利诺州森林湖区看房子。房主曾私下与约翰说过，这栋房子大部分结构都不错，只是屋顶有些陈旧，需要翻修。买主是一对年轻夫妇，他们说准备买房子的钱有限，所以想买一处不用翻修的房子。他们看过房子后，觉得很满意，决定立即购买，并立即搬进去住。但就在这个时候，约翰说出了实情，告诉他们这座房子的屋顶需要翻修，得花费8000美元。

对于说出真相的后果，约翰不是心中没数，但他不想欺骗每一位客户。最终，这对夫妇果然提出毁约。一星期后，约翰得知他们从另一家房地产交易所花较少的钱买了一栋类似的房子。

老板听到约翰把这笔生意搞砸的消息后，立即把他叫到办公室问话。约翰是个非常厚道的小伙子，从来不会撒谎，便如实交待。老板气得暴跳如雷，责骂他多管闲事，并最终解雇了他。

约翰走出公司大门，心里很坦然，因为他所做的事没有违背良心。他一直想做个诚实的人，他的父亲总是对他说："你同别人一握手，就等于签订了一项合同。你说的话要算数。你若想在生意上站稳脚跟，就必须与人公平交易。"所以，约翰总是把人品放在第一位，认为诚实做人比赚得金钱还重要。尽管当时他也想把那座房子卖掉，但不能为体面有损自己的人格价值。即使丢掉了工作，他仍然坚信自己唯一的做人准则，即在任何时候都讲真话。

几年拼搏之后，约翰筹集资金在加利福尼亚开了一家小型地产交易所。在商业圈内，他以做生意公道和为人诚实赢得了良好的信誉。虽然也曾因讲"实话"丢掉过不少生意，但也因此赢得了人们的信任，他"诚实经商，公平交易"的经营理念深深植入大众心中，客户慕名而来，争相签订合同，约翰的房地产事业日渐兴旺发达。

诚实在职场中也是非常重要的。试想，如果你给老板留下一个爱说谎、虚伪狡诈的印象，老板又怎能对你委以重任？因此，要想赢得老板的赏识，你首先要做一名诚实守信的员工。

麦克·杜尔如今是一家大型陆运公司的董事长。他14岁的时候正值经济大萧条的1935年，那年夏天，他跟着一辆密封式运货小卡车给100多家商店送特制食品。在炎热的天气里，他每天干七八个小时的体力活儿，报酬只是一块腊肉三明治、一瓶饮料和50美分现金。但由于这是第一份工作，因此辛苦一点也不在乎。

在不送货的日子里，他总是到一家偏僻的糖果店干零活儿。一次扫地时，他在桌子底下发现5美元，便捡起来交给店主。店主首先对他夸赞一番，随后又告诉他事实的真相，原来那是店主有意将钱扔在那儿的，目的就是考验他是否诚实。麦克·杜尔在整个高中阶段都为这位老板干活儿。他永远不会忘记，是诚实让他保住了当时那份非常难得的工作；也正因为诚实，他后来才成功地创办了运输公司并使之兴旺发达。

诚实的员工，不仅可以赢得老板的信任，也能赢得客户的信任，同事的信任，以及所有与你在工作或业务上有来往者的信任，这样你才更容易干出成绩来。

总之，诚实对于各行各业的人来说都是极其重要的。

3. 不懂装懂，只会贻笑大方

一个肚子里连一滴墨水都没有的人，却装出一副无所不知的大学问家的样子，目的是为了在听众信以为真的反应中获得"虚荣心"的满足。他们以为不懂装懂，可以使别人相信自己是一个内行，以此赢得别人的尊重。却不知，孤陋寡闻的他们是很容易露馅的。所以，人要有自知之明，"夜郎"自大只会遭人嘲笑。

有这样一个笑话：

杰克夫妇并没有多少学问，但是他们爱慕虚荣，一直都向往过一种自命不凡高人一等的生活。

这天，夫妇二人去参加一个上层人士举办的酒会，在漫无边际的闲聊中，话题转到了莫扎特。

"一个绝对的音乐天才！才华横溢，无人能及！"有人简练地评价道。杰克夫人做梦都想加入这种对名人品头论足的讨论，那样能显示自己知识渊博。为了显示自己的智慧和身份，她不失时机却又故作轻描淡写地说道："嗯，莫扎特，我非常同意您的见解，我喜欢他这个人，也许你们不敢相信，今天早晨我还在21路车站和他聊了几句，他正要去音乐厅客串一场演出，上车之前他还礼貌地向我道了别，真是一个非常懂礼节的人。"

杰克夫人的话音一落，周围便顿时安静了下来，大家都轻蔑地看着她。

旁边的杰克觉得自己蒙受了巨大的耻辱，他走到夫人面前，略带愠怒地耳语道："我们现在就走，快穿上你的外套，我们得赶快离开。"

驾车回家途中，杰克一言不发。

"杰克，你是不是生气了？"杰克夫人打破沉默。

"噢，是吗？你终于注意到了？"杰克用嘲讽的口吻说道，"你今天让我丢尽了面子！你看见莫扎特坐21路车去音乐厅了？你这个自以为是的傻瓜！谁都知道21路车根本就不路过音乐厅！"

不懂装懂其实就是内心无知的表现，为了掩饰自己的无知，费尽心力去假装自己是个"专家"。也许开始的时候，人家还真以为你是个"专家"，可你话一出口就露了馅，真让人忍俊不禁。

有一个人想拜见县官求个差事。为了投其所好，他事先找到县官手下的人，打听县官的爱好。

他向县官的随从问道："不知县令大人平时都有什么爱好？"

"县令无事的时候喜欢读书。我经常看到他手捧《公羊传》读得津津有味，爱不释手。"随从告诉他说。

这个人把县令的爱好记在心里，胸有成竹地去见县官。县官问他："你平时都读些什么书？"

"别的书我都不爱看，一心专攻《公羊传》。"他连忙讨好地回答说。

县官接着问他："那么我问你，是谁杀了陈佗呢？"

这个人其实根本就没读过《公羊传》，不知陈佗是书中人物。他琢磨了半天，以为县官问的是本县发生的一起人命案，于是吞吞吐吐地回答："我平生确实不曾杀过人，对于陈佗被杀之事更是一无所知。"

县官一听，知道这家伙并没读过《公羊传》，才回答得如此荒唐可笑。县官便故意戏弄他说："既然陈佗不是你杀的，那么你说说，陈佗到底是谁杀的呢？"

这人见县官还在往下追问，更加惶恐不安起来，吓得狼狈不堪地跑出去了，连鞋子也来不及穿。别人见他这副模样，问他怎么回事。

"我刚才见到县官，他向我追问一桩杀人案，我再也不敢来了。等这桩案子搞清楚后，我再来吧。"他边跑边大声说。

一个人应该用诚实、谦虚的态度去对待知识，对待别人。不懂就不懂，为何要装懂？但凡有此陋习者都是爱慕虚荣之人，肚中本无多少知识，偶然被人问住，欲明说"不知道"，又恐丢了面子，只好不懂装懂，信口胡诌，答非所问，敷衍了事，聊以脱身。或者明明知道自己能耐不大，却不甘寂寞，人前人后"打肿脸充胖子"，摆出一副博古通今的架势，张嘴就是"张飞打岳飞，打得满天飞"，专唬那些学识浅薄之徒，借以满足自己的虚荣心。承认自己也有不知道的事并不丢人，而为了自抬身价不懂装懂，自欺欺人的做法只会贻笑大方，就像滥竽充数的南郭先生终有灰溜溜逃走的那一天。

连孔圣人都说："三人行必有我师。"可见没有人能门门学问都通，任何事情都了解，必然有很多需要学习和弥补的地方。而不懂装懂就像给不足之处盖上了一块遮羞布，施了个障眼法，虽然能暂时挡住了别人的视线，使自己得以苟延残喘。但是终有真相大白的一天，那时就要为自己的欺骗行为付出代价。

4. 一分为二地看待谎言

我们都希望生活在一个没有谎言的社会，但事实上，我们生活的空间已经被谎言塞满了。这并不是危言耸听，英国伏特加饮料公司最近进行的一项调查表明，人一生中平均会说谎8.8万次，每人每天至少撒4次谎。在说谎上，男人平均每天说5次谎，女人平均每天说3次谎，但男人的谎言中"弥天大谎"的比例比女人稍小些。

这一天，苏格拉底像平常一样，来到市场上。他一把拉住一个过路人说道："对不起！我有一个问题弄不明白，向您请教。人人都说要做一个有道德的人，但道德究竟是什么？"

那人回答说："忠诚老实，不欺骗别人，就是有道德的。"

苏格拉底装作不懂的样子又问："但为什么和敌人作战时，我军将领却千方百计地去欺骗敌人呢？"

"欺骗敌人是符合道德的，但欺骗自己人就不道德了。"

苏格拉底反驳道："当我军被敌军包围时，为了鼓舞士气，将领欺骗士兵说，我们的援军已经到了，大家奋力突围出去，结果突围果然成功了。这种欺骗也不道德吗？"

那人说："那是在战争中出于无奈才这样做的，在日常生活中这样做是不道德的。"

苏格拉底又追问起来："假如你的儿子生病了，又不肯吃药，作为父亲，你欺骗他说这不是药，而是一种很好吃的东西，这也不道德吗？"

那人只好承认："这种欺骗也是符合道德的。"苏格拉底并不满足，又问道："不骗人是道德的，骗人也可以说是道德的。那就是说，道德不能用骗不骗人来。究竟用什么来判断它呢？还是请你告诉我吧！"

那人想了想，说："不知道道德就不能做到道德，知道了道德才能做到道德。"

苏格拉底这才满意地笑起来，拉着那个人的手说："您真是一个伟大的哲学家，您告诉了我关于道德的知识，使我弄明白了一个长期困惑不解的问题，我衷心地感谢您！"

正如苏格拉底所说，判断谎言是否符合道德标准的就是道德本身。符合道德规范的，就是善意的或者无恶意的谎言；违背道德标准的，就是恶意的谎言了。

为了赚取上学的费用，吉姆找了一份照顾年迈独居威廉太太的工作，平常帮忙做一些杂务等事情。吉姆的工作做得勤快而利索，深得威廉太太的信赖。

有一天晚上，老太太跑到吉姆房前敲门，对吉姆说："吉姆，很抱歉打扰你，我的安眠药吃完了，一直睡不着，不知你身边有没有？"吉姆从来不吃安眠药，但他不愿让老太太失望，就对她说："你先回去吧，一会儿我把药给您送去。"老太太走后，吉姆很快冲到楼下，跑到食品室去取了一粒大豆。

吉姆知道威廉太太眼神不好，无法分清大豆与安眠药。吉姆对威廉太太说："这是一颗大号安眠药丸，很管用，你服下后很快就会入睡的。"

老妇人真的服下了那粒"大号安眠药丸"，并且很快睡着了。第二天，她还对吉姆说，他给的安眠药真的很好用，她因此睡了有生以来最好的一觉。从此，她几乎每天都要求吉姆给她一粒那种"大号安眠药丸"。

直到现在，威廉太太仍然认为，吉姆给她的是非常珍贵的"安眠药丸"。

善意的谎言和恶意的谎言最大的区别是动机不同，善意的谎言发自于善良的动机，以维护他人利益为目的和出发点，它会使人们的感情变得更融洽、和谐，生活变得更有滋有味，它可以巧妙地避免冲突，实现情感沟通和顺利交往。而恶意的谎言是为说谎者谋取利益，以强烈的利欲、薄弱的理性，把他人作为踏脚石，不惜伤害他人的行为。在所造成的后果上，两者也是截然不同的，善意的谎言带来的是温情和融洽，而恶意的谎言带来的是厌恶和仇恨。

5. 懂得分享，赢得好人缘

不管是信息、金钱利益或工作机会，懂得分享的人，最终往往可以获得更多人缘。

台北市内湖科学园区的益登科技，因为代理全球绘图芯片龙头厂商的产品，从默默无闻的无名小卒，迅速跻身为岛内第二大IC通路商。总经理曾禹旂赤手空拳在6年内，打拼出了一家市值逾新台币80亿元的公司，他靠的是什么？

与曾禹旂相交二十多年的友人吴宪长说："在同业中或同辈中，论聪明、论能力，曾禹旂都不能算顶尖，但是，他能遇到这个机会，八成以上的因素在于他的人脉。因为他很愿意与别人分享，大家才会利益共享，机会之神也才会眷顾他，而不是别人。"

"有怎样的度量，就有怎样的福气"，从小曾禹旂的父母就是这样教导他。如今，曾禹旂也常这样对属下说："赚钱机会非常多，一个人无法把所有的钱赚走。"是的，只有分享，才能让你得到更多。

众所周知，中国的温州人是有名的"生意精"，素有中国的"犹太人"之美称，他们之所以能把生意做到如此地步，就是因为他们善于分享，以此积累了丰富的人脉资源，有了人还怕做生意不赚钱？

温州人信奉"有钱大家一起赚"的信条，他们认为不让人赚钱的生意人，不是好生意人，也绝对不会得到真正的朋友，真正的朋友总是肯为对方考虑的。在商业社会，做生意总要有伙伴、有帮手、有朋友。你照顾了别人的利益，实际上也就是照顾了自己的利益。

谢福烈是四川温州商城的董事长，他是第一位到四川从事房地产开发的温州商人。如今，他的投资已经扩展到了乐山温州商城、三台温州商城、营山温州商城、自贡温州商城……这些投资已经超过了7亿元。但是，谢福烈却没有向银行贷过一分钱的款。那么，这么多的资金都是从哪里来的呢？

谢福烈投资自贡温州商城时需要总投资3亿多元，这么多的资金靠谢福烈的自有资金显然是不够的。于是，他把自己的计划向其他60多位温州老乡公布。结果，这些温州商人二话没说，集资凑足了3亿，这个项目就被谢福烈和他的这些老乡们拿下了。

巴勒斯坦有两片海，这两片海相距不远，而且共用一个源头——约旦河。但是景象却大不相同，一片死气沉沉，被称为死海；另一片生机盎然，名为加利利海。

同样都是接纳约旦河的水，为什么如此不同？原来，死海地势较低，水只能流入，而不能流出，加上阳光终日照射，海水不断蒸发，久而久之，就成了寸草不生的咸水湖。而加利利海则恰恰相反，它的地势较高，水流入又流出，接纳和付出同时进行，所以"活"得精彩纷呈。

一个懂得分享的人，生命就像加利利海的活水一样，丰沛而且充满活力，这样的人身上有一种特殊的吸引力。此外，在这个世界上，有些东西是越分享越多的，更重要的是，你的分享将会使更多人愿意与你在一起。

几年前，小文和小菲同时应聘到一家银行做职员，由于工作的关系，她们经常接触，时间久了，两人就成了朋友。

如今，虽然都已各自成家，但她们还是经常一起聚餐、逛街、泡吧。有时候，她们还相约到彼此家中走动走动，把各自的朋友介绍给大家，久而久之，以她们为中心，形成了一个交际圈。

小林在房地产开发公司上班，他说由于平时工作繁忙，加上自己周末又是最忙的时候，与朋友聚会的时间非常少。所以，他就把同事当作朋友，每当遇到不顺心的事，他会在下班后，约上几个关系好的同事去喝茶聊天，郁闷的情绪很快就会烟消云散。遇到高兴的事，他也会约同事找个地方，好好地庆祝一番。

要想让同事把你当朋友，你首先就要以朋友的身份去面对你的同事，要做到有好事就告诉同事。让他们分享这份快乐。比如逢年过节的时候，单位里经常会发一些物品、奖金等，你先知道了，或者已经领了，就应该告诉同事，或者能代领的话你就帮忙代领一下。如果你都不吱声，那么同事就会认为你不合群，缺乏共同意识和协作精神，更不会把你当朋友看。

另外，还要大方地和同事交流分享生活中的一些私事。有些私事不能说，但有些私事说说也没有什么坏处。比如你的男朋友或女朋友的工作单位、学历、年龄及性格脾气等；如果你结了婚，有了孩子，就有关于爱人和孩子方面的话题。在工作之余，都可以顺便聊聊，它们可以帮助你们增进了解，加深感情。你主动跟别人说些私事，别人也会向你说，有时还可以互相帮帮忙。你什么也不说，什么也不让人知道，人家怎么信任你呢？

6. 给人留余地，也就是给自己留后路

生活中，我们每个人都与社会有千丝万缕的联系，所以凡事都不要做得太绝，给人留余地也就是在给自己留后路。

有这样一则寓言：有一天，狼发现山脚下有个洞，各种动物由此通过。狼非常高兴，它想，守住山洞就可以捕获到各种猎物。于是，它堵上洞的另一端，单等动物们来送死。

第一天，来了一只羊，狼追上前去，羊拼命地逃。突然，羊找到一个可以逃生的小偏洞，从小洞仓皇逃窜。狼气急败坏地堵上这个小洞，心想，再也不会功败垂成了吧。

第二天，来了一只兔子，狼奋力追捕，结果，兔子从洞侧面的更小一点的洞里逃生。于是，狼把类似大小的洞全堵上。狼心想，这下万无一失，别说羊，与兔子大小接近的狐狸、鸡、鸭等小动物也都跑不了。

第三天，来了一只松鼠，狼飞奔过去，追得松鼠上蹿下跳。最终，松鼠从洞顶上的一个小道跑掉。狼非常气愤，于是，它堵塞了山洞里的所有窟窿，把整个山洞堵得水泄不通。狼对自己的措施非常得意。

第四天，来了一只老虎，狼吓坏了，拔腿就跑。老虎穷追不舍。狼在山洞里跑来跑去，由于没有出口，无法逃脱，最终，这只狼被老虎吃掉了。

对这一案例，各界人士说法不一。

哲学家说：绝对化意味着谬误。

环境学家说：破坏原生态平衡者必自食其果。

经济学家说：预算和计划都要留有余地。

军事家说：除非你是百兽之王，否则，别想占有整个森林。

法学家说：凡规则皆有例外，恶法非法。

政治学家说：绝对的权利导致绝对的腐败，绝对的腐败必然导致彻底的失败。

渔民说：一网打尽，下一网打什么？

农民说：不留种子就是绝种绝收。

总之，人的生存与发展，依赖于千丝万缕的社会关系，所以无论做什么事都不要做得太绝，得为自己留一条后路。

本寓言里的狼发现了一个山洞，各种动物由此通过，为了捕获各种动物，狼把这个洞里除洞口外的所有通道都封死了，却不料让自己陷入万劫不复之地，成了老虎口中的美食。灭人者终自灭。"竭泽而渔"、"杀鸡取卵"，古而有之。

在人与人的交往中，也有一些人为了追求个人利益而对别人不管不顾，甚至是在别人身处逆境时落井下石，这样的做法是极其愚蠢的，因为一个人再成功，也不能保证自己就没有倒霉的时候，把事情做绝了，到时谁又会向你伸出援手呢?

在一个茫茫沙漠的两边，有两个村庄。从一个村庄到另一个村庄，如果绕过沙漠走，至少需要马不停蹄地走上20多天；如果横穿沙漠，那么只需要3天就能抵达。但横穿沙漠实在太危险了，许多人试图横穿沙漠，结果无一生还。

有一天，一位智者经过这里，让村里人找来了几万株胡杨树苗，每半里一棵，从这个村庄一直栽到了沙漠那端的村庄。智者告诉大家说："如果这些胡杨有幸成活了，你们可以沿着胡杨树来来往往；如果没有成活，那么每一个走路的人经过时，要将枯树苗拔一拔，插一插，以免被流沙给淹没了。"

果然，这些胡杨苗栽进沙漠后，很快就全部被烈日烤死了，成了路标。沿着"路标"，在这条路上大家平平安安地走了几十年。

有一年夏天，村里来了一个僧人，他坚持要一个人到对面的村庄去化缘。大家告诉他说："你经过沙漠之路的时候，遇到要倒的路标一定要向下再插深些，遇到要被淹没的路标，一定要将它向上拔一拔。"

僧人点头答应了，然后就带了一皮袋的水和一些干粮上路了。他走啊走啊，走得两腿酸累，浑身乏力，一双草鞋很快就被磨穿了，但眼前依旧是茫茫黄沙。遇到一些就要被尘沙彻底淹没的路标，这个僧人想："反正我就走这一次，淹没就淹没吧。"他没有伸出手去将这些路标向上拔一拔。遇到一些被风暴卷得摇摇欲倒的路标，这个僧人也没有伸出手去将这些路标向下插一插。

但就在僧人走到沙漠深处时，寂静的沙漠突然飞沙走石，有些路标被淹没在厚厚的流沙里，有些路标被风暴卷走了，没有了影踪。

这个僧人像没头苍蝇似的东奔西走，却怎么也走不出这个大沙漠。在气息奄奄的那一刻，僧人十分懊悔：如果自己能按照大家吩咐的那样做，那么即便没有了进路，还可以拥有一条平平安安的退路啊！

是的，给别人留路，其实就是给我们自己留路。善待他人，关爱他人，实际上就是善待自己，关爱自己。

在一场激烈的战斗中，连长忽然发现一架敌机向阵地俯冲下来。照常理，发现敌机俯冲时要毫不犹豫地卧倒。可连长并没有立刻卧倒，他发现离他四五米远处有一个小战士还站在那儿。他顾不上多想，一个鱼跃飞身将小战士紧紧地压在了身下，此时一声巨响，飞溅起来的泥土纷纷落在他们的身上。连长拍拍身上的尘土，抬头一看，顿时惊呆了：刚才自己所处的那个位置被炸了两个大坑。

故事中的小战士是幸运的，但更加幸运的是故事中的连长，因为他在帮助别人的同时也帮助了自己！在我们的人生大道上，肯定会遇到许多为难的事。但我们是不是都知道在前进的路上，搬开别人脚下的绊脚石，有时恰恰是为自己铺路呢？

所以，一个高明的人往往是个心胸宽广的人，缺乏智慧的人才会得饶人处不饶人，最终断绝自己的后路。

7. 当时，忍住就好了

在日常生活和工作中，不可能事事都顺着自己的意愿发展，所以当客观实际和主观愿望相抵触时，愤怒的情绪就会自觉或不自觉地产生。

俗语说："一个愤怒的人只张开嘴巴却闭上了眼睛。"愤怒加上情绪的煽动，会燃烧得更为炽热。在盛怒的当下，人会失去理智，变成伤人伤己的危险动物。愤怒会使人赔上自己的声誉、工作、朋友及所爱的人，心情的宁静、健康，甚至自我都一去不复返。

有一天，在一家高档西装店里，一位顾客正拿着昨天刚买的西服，执意要退换，理由是西裤上有一处污点。由于是打折产品，公司规定不能退换，所以一位服务员正在耐心地跟这位顾客解释。但顾客完全不予理会，还越来越不讲理，最后还威胁说要打电话到消费者协会去举报这家店。那个服务员面对如此蛮不讲理的顾客，也失去了耐心，一团怒火上来，竟和顾客争吵起来。

很快争吵声便引来了周围其他人的注意，而服务员非但没有停止，而且怒火越来越烈，最后竟然骂出了非常难听的话，还指名威胁顾客。顾客也不服气，于是服务员开始动手推顾客出去，结果因为商场地面的瓷砖打滑，一下让顾客摔倒在地上。这下围聚的人更多了，很快商场经理和主管纷纷赶来维持秩序，并且当场就解雇了这名服务员。

无法抑制的怒气无疑是伤害身心至深的本源。然而，愤怒如同其他的情绪，并非超乎我们的控制，即便你有时候觉得自己已经控制不住的时候，它仍然可以被控制住。

首先要把目光集中在事情身上，而非人身上。当我们对人发怒的时候，我们是把火气放在了人身上，常常忽视了问题本身。有时候，我们在尚未理性地看待某事之前就先发怒，变得情绪化。要避免这种情况，不断提醒自己，不要偏离最初的轨道，一定要将重点转移到问题解决方案的提出上。

多年以前，美国一家石油公司的一名高级主管做出了一个错误决策，使该公司一下子损失200多万美元。当时掌管这家公司的正是大名鼎鼎的洛克菲勒。坏消息传出后，公司主管人员都设法避开洛克菲勒先生，唯恐他将怒气发泄到自己头上。

有一天，这家石油公司的合伙人爱德华·贝德福德走进洛克菲勒办公室时，发现这位石油帝国老板正伏在桌子上。用铅笔在一张纸上写着什么。

"哦，是你？贝德福德先生。"洛克菲勒说，"我想你已经知道我们的损失了。我考虑了很多，但在叫那个人来讨论这件事之前，我做了一些笔记。"

原来，在那张纸的最上面写着："对某先生有利的因素。"下面列了一长串这人的优点，其中提到他曾三次帮助公司做出正确的决定。为公司赢得的利润比这次的损失要多得多。

为此贝德福德感叹道："我永远忘不了洛克菲勒面对棘手问题时的冷静。以后这些年，每当我克制不住自己，想要对某人发火时，就强迫自己坐下来，拿出纸和笔，写出某人的好处。每当我完成这个清单时，自己的火气也就消了，就能理智地看待问题了。后来这种做法逐渐成了我工作中的习惯。记不清多少次了。它制止了我去做愚蠢的事情——发火，那会让我在生意场上付出惨重代价。"

当你受到别人挑衅的时候，我们要先控制自己的怒气，慢慢来。不妨给自己留出10分钟的时间冷静一下，深呼吸一下，你的怒气会被慢慢平息蒸发，千万别轻易就让愤怒占了上风，为了一点小事就大动干戈，只会让怒气把你的理智给烧尽。

生气时，我们首先要切记，和睦的人际关系胜过一切，中国有句古话，叫"和气生财"。我们从这些都可以看到和睦的人际关系对我们工作、生活、身体的益处。一般发怒的时候，是将自己的利益得失置于和睦关系之上了。只求自己舒服、自己痛快，忘记了自己发怒也会伤害到别人，从而影响彼此之间的关系。

生气时，我们需要直面自己内心的伤害。要记得平静地说出自己的感受。不要以为我们隐忍了怒气，事情就可以结束了。很多时候，我们的逃避并不代表问题的解决。当我们平静的心态向对方表示我们受到的伤害，相信这不仅可以医治我们，也对那个伤害我们的人有所触动。可能他在今后与你的交流中，他会注意方式方法，在意你的感受。记住，这里只是需要你说出自己的感受，并不是要你去指责对方。

"忍一时，风平浪静；退一步，海阔天空。"人们在怒火中烧时，不能意气用事，不能冲动，一定要克制住自己的怒火，当我们用宽容大度的品德修养来对待事情时，别人也会发自内心地产生敬意，我们就能体会到生活的愉悦和快乐。

第五章

点到即止，话说"七分"刚刚好

　　在生活中我们经常看到，有的人习惯于喋喋不休、滔滔不绝地高谈阔论，而又词不达意、语无伦次，让人听而生厌；还有的人喜欢夸大其词、侃侃而谈，说话不留余地、没有分寸。但其实，话不在多，说到七分就刚刚好，剩下三分，是要留给对方去领会揣摩的。

1. 信口开河，覆水难收

在和别人交谈时，听别人说了一半的话，便开始发表自己的见解，殊不知，你听到的只是上文，下文才是对方真正要表达的意思。

或者，在某些场合，你口无遮拦地说了一大堆别人的不是，没想在场的人中，正好也有相似的缺点，在你滔滔不绝地对此大发议论的时候，别人其实早已对你不满，甚至对你恶语反击。

还有些人，喜欢把听来的小道消息添油加醋地到处宣扬，即使你并没有恶意，也在不经意中给别人造成了极大的伤害。这个时候，你再想挽回，已经为时太晚，你会因此而失去别人的信任和友谊。

在某一次朋友聚会上，小梅讲起她一位大学教授的秘密事时说："我们那个哲学老师那叫一个色。听说他有三个老婆，一个在香港，一个在加拿大，另外一个就是现在和他在一起的妻子。我们毕业的那段时间，又听说他要离婚，打算娶我们学校的一个女老师。"

陈菲实在憋不住了就问："你为什么这么清楚?"小梅说："大家都知道啊。"

"大家是谁?""学生们啊。"

直到后来，陈菲问她道："小梅，你知道我是谁吗？"

小梅有些迷惑，说："你不是陈菲吗？"

"我是你说的那位教授的女儿！"

小梅窘住了。

在不了解情况的时候，千万不要信口开河，搬弄是非。说不准听你说话的人，就是你要贬低的对象，如果这个人又是你即将合作的客户，或者你的领导的某位亲戚，那么你无异于为你的事业设置了一个障碍。

总公司的市场经理祝彦初次来办事处指导工作，中午请部门同事一起吃饭，席间谈起一位刚刚离职的副总韩绍华，入职不久的李乐心直口快地说韩绍华脾气不好，很难相处。

其他同事急忙打圆场，祝彦说："是吗？是不是她的工作压力太大造成心情不好？"李乐说："我看不是，三十多岁的女人嫁不出去，既没结婚也没男朋友，老处女都是这样心理变态。"

闻听此言，刚才还争相发言的人都闭上了嘴巴。因为，除了李乐，那些在座的老员工可都知道：祝彦也是待字闺中的老姑娘！好在一位同事及时扭转话题，才抹去祝彦隐隐的难堪，而事后得知真相的李乐则为这句话后悔了好久。

特别是与初次见面或不是十分熟识的朋友接触时，谈话的内容一定要加以甄选，不能口不择言，随便说话。必要时要保持沉默。一旦因为对对方不了解而触犯了人家的忌讳，或者言者无心听者有意，就会造成难以挽回的局面。

语言是人类交往的工具，我们依赖语言这个工具相互沟通，表达我们的情感，但它同时也是误会和争吵的开始。

一天之中，你的每一句话不可能都是经过思索才说出口的，对那些与你关系不大的人，乱开几句玩笑，随便说点笑话，可能不会产生什么严重的"后果"，可假若对方是你的爱人、你的上司、你的客户，一切都不同了。任何不经大脑而"随便说说"的话，都有可能给你的家庭或者事业带来麻烦。

"张某借了王某的钱不还，存心赖账，真是卑鄙。"昨天你对一个朋友这么说。这话是从王某那儿听来的，他当然站在自己的立场说话。人都是觉得自己是对的，当然不易把话说得公正。

如果你有机会见到张某，他也许会告诉你，他虽然借了王某的钱，但有房屋契约押在王某那里。因为自己一笔钱被别人耽误了，到期不能清还，只好延长押期。当初王某表示若有需要，随时可以延长押期，而今王某急于拿回现款，张某一时无法立刻付清，既然有抵押物，就不能说他是赖账。

首先你要明白的一点就是，你所知道的关于别人的事情不一定可靠，也许另外还有许多隐情你不曾了解。如果你贸然拿你所听到的片面之言宣扬，不是颠倒是非，就是混淆黑白。话说出口就收不回来了，一旦事后你彻底地明白了真相，你还能进行更正吗？

　　事实上人与人之间的关系大半都是如此复杂，因此，在与人聊天中，你若不知事情所包含的内幕，就不要信口开河。

2. 越想推广传播，越要闭口不说

　　每个人似乎都有这种奇怪的心理：越是得不到的东西，就越想知道；越是若隐若现的东西，就越想看清楚。这就是"禁果效应"的基本表现，如果我们能巧妙利用这种心理，就可以达到不错的传播效果。

　　例如，马铃薯在法国的推广就是巧妙利用了这种心理。

　　巴蒙蒂埃是法国著名的农学家，当年他在德国做俘虏时，曾吃过马铃薯，被释后他带着马铃薯回到法国，但是在很长一段时间里，他无法说服人们栽种马铃薯，导致马铃薯在法国有很长一段时间得不到推广。为什么会这样呢？因为牧师把马铃薯称之为"魔鬼的苹果"，医生认为马铃薯有害于身体健康，农学家则认为马铃薯会使土壤变得贫瘠。

　　于是巴蒙蒂埃决定使用计策。1787年，巴蒙蒂埃把自己的想法告诉了法国国王，让国王批准他在一块以贫瘠著称的土地上种植马铃薯。同时巴蒙蒂埃要求国王派遣全副武装的士兵在田野里，白天守卫，但到晚上一定要撤兵。人们发现了这个奇怪的现象，心想：那块土地上到底种了什么东西，为何派重兵把守呢？这种强烈的好奇心促使人们有所行动：人们开始在晚上偷偷地把马铃薯挖去，种到自己的菜园里。而这正是巴蒙蒂埃所希望看到的。

这个故事给了我们很大的启发，那就是运用"禁果效应"可以达到良好的传播推广效果。在现代商业领域，很多企业经营者都希望自己的公司、产品美名远扬，为了打开产品销路，很多企业都会努力到各大媒体露面，打广告、搞宣传，为的就是提高产品知名度，而有些企业经营者却反其道而行之，有意隐藏自己的信息，给人留下故意躲避的印象，从而吸引人们特别是媒体的关注。待人们努力了解后，才发现原来没有什么特别的，这样人们就对该企业、该产品印象深刻了。

加娜庙是印度的一座古寺庙，它周围环绕着红墙，绿树成荫，庙门宽敞。但庙里的空间不大，行人从宽大的庙门前经过，就能将庙里的景致一览无余。因此，没有多少游人进去观光，日子一久，寺庙只好关门大吉了。

然而出人意料的是，自从加娜庙的大门关闭之后，却出现了一种奇怪的现象：游人走到这里，经常会在庙门前停留，他们扒着门缝儿往里看。每天窥探的人比往日大门敞开时进去观光的人多了许多倍，甚至工作人员也被影响了，也扒着门缝儿往里看，想知道里面到底发生了什么事。

其实庙里一切都同往常一样，什么事情也没发生。能看到的景象只是一块红墙、一角砖地、一棵老树，其他的东西被大门遮住了，无法看到。

当地的和尚对这种现象感到好奇，便统计了一下每天扒着门缝儿往里窥探的人数。这一数不要紧，大家被巨大的数目吓了一跳，窥探的人一个接着一个，竟比之前开门时多了几十倍。

在这种情况下，加娜庙终于向游客开放了，不过这次开放与以前不同，和尚们把一道影壁立在大门的里面，阻挡人们的视线。人们总想一探究竟，所以踊跃购票。

和尚们还有意锁上几间房门，留些小缝供人们窥探。房里同样放了屏障，让人窥探起来很费劲。不过仔细一看，也只能看到一张老床，一个老柜，一双旧鞋，再向里看，还能看到一个小泥菩萨。但人们却乐此不疲。

后来加娜庙里来了一个奇怪的和尚，这个和尚没什么知识，也没什么特长，但说话从来都是说半句，故意留半句不说，故意不把事情说完整，他是真的没有本事说完整。可正因为这样，前来讨教的人反而说这和尚的学识高深莫测，非常灵验。

在很长一段时间里，人们对加娜庙与这位和尚都有浓厚的兴趣，将其奉为神灵，前来烧香拜佛的人也与日俱增。

加娜庙及那位和尚之所以那么吸引大家的注意力，显然是因为"禁果效应"在发生作用，正如那句话所说，"越想推广传播，越要闭口不说"，留一点窥探的小缝，给人一个巨大的想象空间，欲语还休的效果可以吊足听众的胃口。

3. 闲谈莫论人非，更不要谈论上司

职场中的人一定要注意，有些话能说，有些话是不能说的。在与同事聊天的时候，一定要避免聊上司的不是，或触碰上司的软肋。说不准，你无心的聊天，被同事拿去当了茶余饭后的传言，等再传到上司的耳朵里，不仅你在工作中得不到什么展现的机会，甚至你的工作能不能保住都是一个问题。

张萌大学毕业在一家私企做技术专员，一天在办公室里和同事聊天，偶然聊起了做上司好，还是做员工好的问题。张萌就说："要我选择，我还是选择做员工，做上司也挺累的。比如我们的顶头上司吧！他的上头还有领导，别看在我们面前很牛，在他的上司面前，不还是要点头哈腰的？和一条狗一样。一个人两种姿态，怎么想怎么别扭！"

张萌的同事笑着说："但是，人家的工资比咱们高呀！人家有权力，咱没有呀！"听到这里张萌不屑地说："那都是一时的，我说呀，要是哪天公司不行了，第一个该辞退的就是他！因为他比我们拿的工资多，但是技术上的东西却一点不懂！你说哪天公司不行了，公司是要他，还是要我们？"

张萌以为听到这话同事们都会笑着随声附和，结果却没有发现一个人在笑，大家都在认认真真地低头干活。张萌没

有发现此时正站在她身后的上司，还在说："你们别不信，我有个朋友开的公司就是这样，前期做领导的一个个都牛得不行，当公司陷入低谷，第一个倒霉的就是那些做领导的！"

张萌说得激动，手一挥正好打在上司身上，转头一看，上司正怒气冲冲地看着她。张萌心里顿时凉了一截。

张萌的上司不动声色地宣布："我是来向大家宣布一个消息：刚才总经理开会说我们要在两个月内裁员两名，我一直在想，我们大家都挺努力的，裁谁好呢?"这时张萌发现大家的眼光竟然一起指向了她。结果不到两个月，张萌就被辞退了，此时张萌才明白，不管在哪里，提上司的软肋都是致命的错误！

中国有句古话讲得好："闲谈莫论人非。"在办公室中我们则应该"闲谈莫论上司"。不论在生活中还是工作中，向上司汇报工作或者闲聊的时候，应客观、准确，尽量不带有个人评价的色彩，以避免无意中的只言片语正好触到上司心里的那根软肋，引起上司的反感。

在办公室待的时间长了，大家难免都会聊点职场上的事，这时候千万要记住：无论别人怎么说，你只需要听就可以了。如果实在要说，就简单陈述自己的观点，表述意见确切、简明和完整，有重点，不要拖泥带水，只针对具体的事情，而不要针对某个人。

听到谈论上司的坏话时，无论你知不知道上司的事情，都不要发表你的看法，小心隔墙有耳。职场上，老板有很多"亲戚"都在看着呢。

在我们每个人的职场生涯中，都会有对自己发展起重要作用的人，很多时候这个人就是我们的上司！好的上司会让我们的事业不断进步，所以和上司打好关系是最重要的。因此，在职场的谈话规则中，避开上司的软肋是非常重要的原则！

萧雅的上司长得不高，身材却很臃肿，走路一扭一扭的，有些同事甚至叫他"猪头"。因为自己的胖，上司一般很忌讳别人说关于胖的字词。

有一次，中午休息的时候，大家一起在办公室里聊天，说起上大学那会时，有一位同事说，当时他们大学最有名的校花竟然看上了一个又矮又胖，长得不怎么样的男生，想来那个女生真是傻！

另外一名男同事也接着说："有些人长得不怎样，又圆又矮，真不知道哪里来的那么多自信，追女生、办企业，竟然还挺成功，想不通啊。"

听完这位同事说话萧雅附和了一句："像'猪头'那样的人，不是在女人中也挺受欢迎的嘛。"说完萧雅一转身，看见上司脸色蜡黄，站在自己的背后，一下子傻了眼，捂着嘴巴往外跑。

如今办公室中有很多外貌有缺陷的上司，最忌讳别人对他外表的评价，不管你是直接的，还是间接的，即使不是说他的，也一定要注意，不然会惹祸上身！因为这样的上司一般自尊心都特别强，经常从别人的话中找到毛病。有时候你无心的

用五六分的力气，过刚刚好的人生

一句话也会让他联想到自己的外貌，那时你就百口莫辩了。

办公室里人员复杂，是最容易滋生是非的地方。要想在这里生存，除了好好工作之外，余下的事情最好都不要管！谈论上司的软肋则更是不行的，即使上司自己听不到，也会被别有用心的人传到上司的耳朵里。

4. 与其言而无信，不如别向人承诺

"君子一言，驷马难追"，讲的是做人要有信用。一个不讲信用的人，是为人所不齿的。现在的生意场上，公司、企业做广告做宣传，树立公司、企业在公众中的形象，就是想提高公司、企业的信用度。信用度高了，人们才会相信你，和你有来往、谈生意，你办事才会容易成功。

人无信不立。信用是个人的品牌，是办事的无形资本。有形资本失去了还可以重新获得，而无形资本失去了就很难重新获得了。办事再困难也不能透支无形资本。

有一次诸葛亮与司马懿交锋，双方僵持数天，司马懿就是死守阵地，不肯向蜀军发动进攻。诸葛亮为安全起见，派大将姜维、马岱把守险要关口，以防魏军突袭。

这天，长史杨仪到帐中禀报诸葛亮说："丞相上次规定士兵100天一换班，今已到期，不知是否……"诸葛亮说："当然，依规定行事，交班。"众士兵听到消息立即收拾行李，准备离开军营。忽然探子来报魏军已杀到城下，蜀兵一时慌乱起来。

杨仪说："魏军来势凶猛，丞相是否把要换班的4万军兵留下，以退敌急用。"诸葛亮摆手说："不可。我们行军打仗，以信为本，让那些换班的士兵离开营房吧。"众士兵闻言感动不已，纷纷大喊："丞相如此爱护我们，我们无以报答丞相，决不离开丞相一步。"蜀兵人人振奋，群情激昂，奋勇杀敌，魏军一路溃散，败下阵来。

诸葛亮向来恪守原则，换班的日期来到，即毫不犹豫地交班，就是司马懿来攻城也不违反原则。以信为本，诚信待人，终于成就了他护蜀尽忠的大名。

顾炎武曾以诗言志："生来一诺比黄金，那肯风尘负此心。"表达自己坚守信用的态度。言必信，行必果。不但是对人的尊重，更是对己的尊重。

当朋友托我们给他办事时，我们能提供帮助是在情理之中。但是，办事要量力而行，不要做"言过其实"的许诺。因为，诺言能否兑现除了个人努力的问题，还有一个客观条件的因素。平时可以办到的事，由于客观环境变化了，一时又办不到，这种情形是常有的事。因此就需要我们在朋友面前不要轻率地许诺，更不能明知办不到还打肿脸充胖子，在朋友面前逞能，结果变成"寡信轻诺"。

当你无法兑现诺言时，不仅得不到朋友的信任，还会失去更多的朋友。

有一个年轻人在银行工作。他过去的老师想开一家公司，却缺少资金，便去问他能不能帮忙贷款。他想："这是老师第一次找自己帮忙，怎么能拒绝呢？"当即一口答应。可是，他毕竟刚参加工作不久，还没取得说话的资历，老师的贷款请求又不完全合乎规章，所以，当老师租好门面，请好员工，等着资金开业时，他这里却拿不出钱来，搞得很被动。老师大怒，责备他说："你这不是捉弄我吗？就算你不想帮我，也不该害我！"他能说什么呢？只能苦笑而已。

有些人是不好意思拒绝别人而向他人承诺，而有些人则喜欢胡乱吹嘘自己的能力，随随便便向别人夸下海口，承诺自己根本办不到的事情。结果不但事情没有办成，自己的人缘也搞臭了。

某厂职工小方，经常向同事炫耀自己在市房管所有熟人，能办房产证，而且花钱少、办事快。开始人们还信以为真，有些急于办理房产证的同事便交钱相托，但时过多日，不见回音，问到小方，他说："近来人家事儿太多，再等等。"拖得时间长了，同事们对他的办事能力产生怀疑，便向他要钱，他找理由说："谋事在人，成事在天。懂不懂？你的事儿虽然没办成，可我该跑的跑了，该请的请了，你不能让我为你的事自掏腰包吧?"言下之意,钱不给了。

从此以后,小方的话再也没人信了,以至于人们在闲暇聊天时,只要小方往人群里一站,大伙好像有一种默契似的,始而缄默不语,继而纷纷散去。

既然许下诺言,无论刀山火海都不能反悔——你不能言而无信。

所以,干脆不要轻易向人承诺——不轻易向人许诺你可能办不到的事——这是不失信于人的最好方法。要获得守信的形象并不容易。最要紧的一条是:别答应你无法兑现的事。这不仅是一个主观上愿不愿意守信的问题,也是一个有无能力兑现的问题。一个人经常答应自己无力完成的事,当然会使别人一次又一次失望了。

一个商人临死前告诫自己的儿子:"你要想在生意上成功,一定要记住两点:守信和聪明。"

"那么什么叫守信呢?"儿子焦急地问。

"如果你与别人签订了一份合同,而签字之后你才发现你将因为这份合同而倾家荡产,那么你也得照约履行。"

"那么什么叫聪明呢?"

"不要签订这份合同。"

将守信理解为一种品德,较难坚持。将它理解为一种回报率很高的长期投资,则比较容易变成一种自觉的行动。当你建立了一个守信用的形象时，会获得越来越多人的信任，因而带来越来越多的机会。这就好似拥有了一座金矿。反之，缺此一条，别的方面再优秀，也难成大器。

5. 永远别说"你错了"

当我们犯了错误时，并非意识不到犯了错误，只是顽固地不肯承认而已。所以，当你对一个人说"你错了"时，必然撞在他固执的墙上。

没有几个人能永远有逻辑地思考。我们多数人都或多或少具有武断、固执、嫉妒、猜忌、恐惧和傲慢等缺点，所以我们很难向别人承认自己错了。

而且，一个人说错话或者做错事，总是有原因的，所以我们即使明知自己错了，也会强调客观原因，认为错得有理。

有一位先生，请一位室内设计师为他的居所布置一些窗帘。当账单送来时，他大吃一惊，意识到在价钱上吃了很大的亏。

过了几天，一位朋友来看他，问起那些窗帘时，说："什么？太过分了。我看他占了你的便宜。"

这位先生却不肯承认自己做了一桩错误的交易，他辩解说："一分钱一分货，贵有贵的价值，你不可能用便宜的价钱买到高品质又有艺术品味的东西……"

结果，他们为此事争论了一个下午，最后不欢而散。

当我们不愿承认自己错了的时候，完全是情绪作用，跟事情本身已经没有关系。当我们错的时候，也许会对自己承认。如果对方处理得很巧妙而且和善可亲，我们也会对别人承认，甚至以自己的坦白直率而自豪。但如果有人想把难以下咽的事实硬塞进我们的食道，那我们是决不肯接受的。

既然我们自己是这种习性，那么就可以理解别人也具有同样的习性，因此不要把所谓的"正确"硬塞给他人。

有一位汽车代理商，在处理顾客的抱怨时，常常冷酷无情，决不肯承认是自己这方面的错误，总想证明问题的根源是顾客在某些方面犯了错误。结果，他每天陷于争吵和官司纠纷中，心情一天比一天坏，生意也大不如以前。

后来，他改变了处理客户抱怨的办法。当顾客投诉时，他首先说："我们确实犯了不少错误，真是不好意思。关于你的车子，我们有什么做得不合理的地方，请你告诉我。"这个办法使顾客很快解除武装，由情绪对抗变成理智协商，于是事情就容易解决了。如此一来，这位代理商就能轻松地处理每一件事情，生意也越来越好。

当我们说对方错了的时候，他的反应常让我们头疼，而当我们承认自己也许错了时，就绝不会有这样的麻烦。这样做，不但会避免所有的争执，而且可以使对方跟你一样宽宏大度，承认他也可能弄错。

正如罗宾森教授在他的《下决心的过程》中所说：

"我们有时会在毫无抗拒或热情淹没的情形下改变自己的想法，但是如果有人说我们错了，反而会使我们迁怒对方，更固执己见。我们会毫无根据地形成自己的想法，但如果有人不同意我们的想法时，反而会全心全意维护我们的想法。显然不是那些想法对我们珍贵，而是我们的自尊心受到了威胁……'我的'这个简单的词，是做人处世的关系中最重要的，妥善运用这两个字才是智慧之源。不论说'我的'晚餐，'我的'狗，'我的'房子，'我的'父亲，'我的'国家或'我的'上帝，都具备相同的力量。我们不但不喜欢说我的表不准，或我的车太破旧，也讨厌别人纠正我们对火车的知识……我们愿意继续相信以往惯于相信的事，而如果我们所相信的事遭到了怀疑，我们就会找借口为自己的信念辩护。结果呢，多数我们所谓的推理，都变成找借口来继续相信我们早已相信的事物。"

不要对别人的错误过于敏感，不要执着于所谓正确的意见，不要轻易刺激任何人。如果你要使别人同意你，应当牢记的一句话就是："尊重别人的意见，永远别说'你错了'。"

6. 不揭他人之短，不探他人之秘

"逆鳞"一说可能许多人并不太了解。逆鳞就是龙喉下直径一尺的地方，传说龙的身上只有这一处的鳞是倒长的，无论是谁触摸到这一位置，都会被激怒的龙杀掉。

人也是如此，无论一个人的出身、地位、权势、风度多么傲人，都有不能被别人言及、冒犯的角落，这个角落就是人的"逆鳞"。

因为人人都有各自不同的成长经历，都有自己的缺陷、弱点，也许是生理上的，也许是隐藏在内心深处不堪回首的经历，这些都是他们不愿提及的伤疤，是他们在社交场合极力隐藏和回避的问题。被击中痛处，对任何人来说，都不是一件令人愉快的事。无论是对什么人，只要你触及了他这块伤疤，他都会采取一定的方法进行反击，从而获得一种心理上的平衡。

揭短，有时是故意的，那是互相敌视的双方用来攻击对方的武器。揭短，有时又是无意的，那是因为某种原因一不小心犯了对方的忌讳。但是总体来说，有心也好，无意也罢，在待人处世中揭人之短都会伤害对方的自尊，轻则影响双方的感情，重则导致人际关系紧张。

张小姐是某机关办公室文员，她性格内向，不太爱说话。可每当就某件事情征求她的意见时，她说出来的话总是带"刺"，而且她总要去揭别人的短。

有一回，自己部门的同事穿了件新衣服，别人都称赞"漂亮""合适"之类的话，可当人家问张小姐感觉如何时，她直接回答说："你身材太胖，不适合。"甚至补说："这颜色真艳，只有街头早上锻炼的老太太才这样穿。"

这话一出口，便使得当事人很生气，而且周围大赞衣服如何如何好的人也很尴尬。

虽然有时张小姐会为说出不招人喜欢的话而后悔，可后悔归后悔，事后她还是会说那些让人不能接受的话。久而久之，同事们把她排除在团体之外，很少就某件事去征求她的意见。

尽管这样，如果偶然需要听听她的意见时，她还是管不住自己，又把别人最不爱听的话给说出来了。

现在在单位里几乎没有人主动搭理她，张小姐自然也明白大家不搭理她的原因。

我们常说瘸子面前不说短、胖子面前不提肥、"东施"面前不言丑，对让人失意的事应尽量避而不谈。避讳不仅是处理人际关系的技巧问题，更是对待朋友的态度问题。尊重他人就是尊重自己。为自己留口德。

通常情况下，人在吵架时最容易暴露其缺点。无论是挑起事端的一方还是另一方，都是因为看到了对方的缺点并产生了敌意，敌意的表露使双方关系恶化，进而发生争吵。争吵中，双方在众人面前互相揭短，使各自的缺点都暴露在大庭广众之下，无论对哪一方来说都是不小的损失。

某公司的一个部门里有两个职员，工作能力难分伯仲，互为竞争对手，谁会先升任科长是部门内十分关心的话题。但这两个人竞争意识过于强烈，凡事都要对着干。快到人事变动时，他们的矛盾已激化到了不可收拾的地步，好几次互相指责，揭对方的短。科长及同事们怎么劝也无济于事。结果，两人都没有被提升，科长的职位被部门其他的同事获得了。因为他们在争执中互相揭短，在众人面前暴露了各自的缺点，让上级认为两人都不够资格提升。

《菜根谭》中有句话："不揭他人之短，不探他人之秘，不思他人之旧过，则可以此养德疏害。"做大事的人，他不会冒冒失失地挑起争端，反而会做好表面文章，让对方觉得你对他是富有好感，凡事为他着想的。

任何一个人都是既可以成为敌人也可成为朋友的，而多一些朋友总比四面树敌要好。把潜在的对手转化为自己的朋友，这才是最好的办法。

打人不打脸，骂人不揭短。言论自由的现代社会，人们一样也有忌讳心理，有自己与人交往所不能提及的"禁区"。在办公室中，尤其是那种当面揭短的话更是不能说，这样不但会使同事之间的关系恶化，还可能造成更为严重的后果。

但事实是，有些人认识到揭短的害处，甚至会奉劝自己的朋友，但自己却在行为上不能克制。只能提醒别人而不能提醒自己，这同样是很危险的。

在一座小城里，有一个老太太每天都会坐在马路边望着不远处的一堵高墙，她总觉得它马上就要倒塌，很危险。于是见有人向那里走过去，她就善意地提醒："那堵墙要倒塌了，远着点走吧。"

被提醒的人不解地看着她，大模大样地顺着墙根走过去了，但那堵墙并没有倒塌。老太太很生气："怎么不听我的话呢？"

接下来的三天，她仍然在提醒着别人，但许多人都从墙根走过去了，也没有遇到危险。

第四天，老太太感到有些奇怪，又有些失望："它怎么没有倒呢？明明看着要倒的啊。"

她不由自主地走到墙根下仔细观察，然而就在此时，墙终于倒塌了，老太太被淹没在石砖当中，当场气绝身亡。

——为什么我们不能在提醒别人的时候也提醒自己呢？

提醒自己给别人留点余地、给别人留点尊严。每个人都有不足的地方，容许别人的不足，也是对自己的宽恕，因为世界上没有完人，包括自己。

7. 话不在多，点到就行，时机对就行

古人讲："山不在高，有仙则名；水不在深，有龙则灵。"说话也是如此，话不在多，点到就行；时机对就行！

掌握好说话的时机，是每一个人必修的一门课程，因为如果你说的不是时候，即便你的话再好，再动听，不仅起不到好的作用，相反，还会带来反面的效果，那么你就是赔了夫人又折兵，实在是很不划算。因此，要学会根据对方的性格、心理、身份以及当时的氛围等一切条件，考虑自己说话的内容。

我们经常能看到这样一幕：

一个人在那里口若悬河地讲，可是对方却紧蹙眉头，根本就对这个人说的话题不感兴趣，即便对方一直在夸奖他，到最后，无奈之下，也会找个借口偷偷地溜掉。这就是一个时机问题了，不管一个人说话的内容有多么精彩，如果时机掌握不好，也就无法达到有效说话的目的。因为作为一个听者，他的内心往往会随着时间的变化而变化，他们并不是在所有的时候都喜欢听同一个话题，或者说在很多时候，他需要其他的话题甚至需要沉默来调配，这样自己的生活才能有声有色。

有这样一则寓言故事就是一个很好的例子：

一头驴，平常都吃着主人给它拿的青草，时间长了也就慢

慢地变得不喜欢吃了。有次无意中，主人在它的草料中加了一把盐，草料立刻就变得有滋有味了。驴就问主人在里面加的是什么，主人说是盐，于是驴就宣布，从此以后，不吃草料了，每天要光吃盐！

因此，一个人的一生不能只听一个话题过日子，也不可能只有一个心情，永远保持不变。如果你想让对方变得愿意听你的讲话，或者接受你的观点，你就得学会选择适当的时机并且把握这个时机，在适当的时机说适当的话。犹如一个参赛的棒球运动员一样，即便他有良好的技术、强健的体魄，但是如果他没有把握住击球的那个决定性瞬间，偏早或偏迟，棒就落空了，比赛也就输了。

因此，时机对一个想让自己变得优秀的人来说是非常宝贵的；但何时才是这"决定性的瞬间"，怎样才能判明并及时抓住时机，并没有一定的规则，主要根据谈话时的具体情况而定，比如说对方的心情，当时的环境等一系列的因素。

中国是一个讲究中庸的国家，凡事都喜欢恰到好处，过了或者是不及都不是一种完美的表现，在现实生活中，与人交往也是如此，说好话更是如此。

对话是双方进行交际的基础，双方有对话才有交流，有交流才能产生情感。一次成功的交谈就像一场大家配合默契的接力赛，每个人都是这个集体接力的一员，既要接好棒，也要交好棒，谁都不能懈怠。棒在自己手上时，要尽心尽力跑好，棒在他人手上时，不妨为之加油，为之喝彩。这个接力棒就相当于说话时的话题，如果把交谈变成一个人的独白，尽管你讲得眉飞色舞、口干舌燥，也没有人为你鼓掌喝彩，所以，能说善侃者切忌扮演"一言堂主"的角色，就如同你一个劲地给对方说好听的，如果时间不对照样产生不了好话的效果了。

因此，交流时要善于选择双方都感兴趣的话题，这样也就能进行更好的交流，不管是说好话，还是说不好的话，对方也都能比较容易接受。

另外在交谈双方中，由于各人的阅历不同，对事物的认识也就不尽一致，各人观点的分歧、碰撞、交锋在所难免。因此，在这种时候说好话，就得根据对方的阅历和对事物的认识作相应的调整。比如说一个阅历不高，对事物认识比较浅显的人，对他说好话就必须降到他那个相应的水平，不能说大话、说空话，否则，对方就会认为你是在拿他开涮；相反如果是一个阅历很多，对事物有着自己的认识的人，就必须用一些高层次的好话来满足对方的虚荣心，这样也就能给对方留下一个比较深刻的印象。但是这一切的前提都是在适当的时机才能这么做，不能在对方心情不好，甚至是工作不顺利的时候去说，否则效果就会适得其反。

最后要注意的是，在交谈过程中每个人都有表现欲，同时也就有被发现、被承认、被赞赏的内在心理需求。因此，在和对方交谈的时候，一定要满足对方的这种欲望，不能一味地跟对方说好话，适当地留一点空间给对方慢慢地品味；这就像吃一道美味佳肴一样，必须要留足够的时间来品，不能像是口渴喝白开水一样狂饮。如果你只热衷于表现自己，而轻视他人的表现，对自己的一切津津乐道，而对他人的一切不屑一顾，就势必会留下自吹自擂、自我陶醉的不良印象，最终好话也就变成空话了。

在现代这个商业社会，更是要懂得怎样说话，怎么样说好话，以下有一则故事可以作为借鉴：

乔治是美国加利福尼亚州鼎鼎有名的商业大亨，资产超过10亿美元。某年，他与商业伙伴戴维从加州飞到中国某大城市，准备在那里投资建厂，因此，他需要寻找合作伙伴。经过多方努力，三天后，乔治终于坐到了谈判桌前，和他谈判的对象是我国某一大型企业的领导。这位领导之所以能坐到谈判桌前，就是因为他的精明能干和通晓市场行情的本领令乔治颇为欣赏。特别是当乔治听了这位领导对合资企业的宏伟设想后，他似乎已看到了合资企业的光辉前景。可是正准备签约的时候，忽听这位领导又颇为自豪地侃侃而谈道："我们企业拥有2000多名职工，去年共创利税700多万元，实力绝对雄厚……"

听到这儿，乔治立刻呆住了，他暗暗地掐指一算：700万元人民币折成美元是90余万，一个2000多人的企业一年才赚这么点儿钱；而且，这位领导居然还表现得十分自豪和满意，看来合作以后这个企业肯定会令乔治非常失望，因为离自己预定的利润目标差距实在太大了，还好合同没有签。于是，乔治决定立即终止合作谈判。

马上就要到手的投资就这样没了，原因仅仅是因为一句话，而且还是一句好话。试想如果那位领导当时能保持一下沉默，那么这件事不就办成了吗？只能说这个领导还没找对说话时机，甚至说他在商场摸爬滚打几年还没有学会如何说话，还不知道在什么场合说什么样的话，最终也因为这个问题而失去了一笔很大的投资，给国家造成了经济损失！

所以说，好话并不是什么时候都适用，并不是什么时候都能给自己带来好处，而是要看时机。时机对了，那就是力量；时机不对，那就成了阻碍！

第六章

谦逊低调，把你的锋芒收"三分"

锋芒毕露，对于人生的战场上来说，不是一个很好的筹码，我们在过度暴露自己优点的同时，缺点也会被别人看得一清二楚。只有隐藏自己的实力，才能在战场上出其不意，获得成功。

1. 把自己看"轻"一点

自我感觉良好的人常常会陷入自我膨胀当中。我们每个人都需要有一技之长才能更好地活在这个世界上，在一些方面的特殊才能使我们形成了独特的风格和个性，人生也变得更加精彩，这是值得我们引以为荣的。但是，请记住，山外有山，人外有人，别把自己太当回事，如果总是恃才傲物、目中无人、自以为是，那么很有可能搬起石头砸自己的脚。

新加坡淡马锡控股公司的首席执行官何晶，为人很低调。她从不接受采访，即使在公开场合讲话，也很少回答人们的提问。在与何晶共事过的人们眼中，她是一个精明强干、思想敏锐的人，也是一个不愿被媒体曝光的商业女强人，但不为人知的是，何晶还是新加坡总理李显龙的夫人。

作为新加坡的总理夫人，何晶却喜欢朴素装扮，她经常留着一头短发。

当记者问她为什么这么低调时，何晶讲了一个寓言故事：两只大雁与一只青蛙同在一个池塘里，池塘的水越来越少，于是大雁决定要飞回南方。大雁对青蛙说："要是你也能飞上天多好呀，我们还可以经常在一起。"青蛙灵机一动：它让两个大雁衔住一根树枝，然后它自己用嘴衔在树枝中间，一起飞上了天。地上的青蛙们都羡慕地拍手叫绝。这时有人问：是谁这么聪明？那只青蛙生怕错过了表现自己的机会，于是大声说："这是我想出来的……"刚一张口，话还没说完，它便从空中掉下来了。

迈兹纳曾有一句名言：不要把自己看得太重要，没有你，事情一样可以做得好。不要把自己太当回事，坦诚而平淡地生活，没有人把你看成是卑微、怯懦和无能的。如果你老是把自己当作珍珠而四处炫耀，那么就时时有被淹没的危险。

很多时候，我们远不像自己想象的那般重要，那样受人关注。把自己看轻一点，把自己放轻松点，就能解决很多问题，而不是陷入无尽的烦恼与痛苦之中。

即使你真的非常优秀，非常了不起，也请你不要自我膨胀。无论你从事着什么行业，过着怎样的生活，都不过是一个人。即使自己能翻手为云，覆手为雨，也不要把自己太当回事。因为许多事情都是一时的、短暂的，如果你把自己太当回事，可能有一天你会变得什么也不是。自我膨胀就像是在吹气球，谁都希望气球变大，但是吹入的气体过多就会爆裂。

总之，做人还是要谨慎一些，别把自己太当回事了，否则只能让人产生反感，像吹爆的气球那样毁掉自己。如果每个人都能对人生有清醒的认识，对自己有足够的了解，客观公正地对待人事，就能从容地面对激烈的竞争，在生活的每一天都收获欣慰的笑容和真正的快乐。

2. 骄傲是阻碍进步的大敌

人们总是有骄傲的理由，一件新衣服，一种新发型，都能激起他们的骄傲之情。

相传南宋时江西有一名士傲慢之极，凡人不理。一次他提出要与大诗人杨万里会一会。杨万里谦和地表示欢迎，并提出希望带一点江西的名产配盐幽菽来。名士见到杨万里后开口就说："请先生原谅，我读书人实在不知配盐幽菽是什么乡间之物，无法带来。"杨万里则不慌不忙从书架上拿下一本《韵略》，翻开当中一页递给名士，只见书上写着："豉，配盐幽菽也。"

原来杨万里让他带来的就是家庭日常食用的豆豉啊！此时名士面红耳赤，方恨自己读书太少，后悔自己为人不该太傲慢。

这个故事告诉我们一个道理：有成绩不能骄傲，做人更不能骄傲。骄傲对所有的人都是公平的，它让所有人都分享到它的"恩泽"，只是每个人用不同的表现方式和手段来表现它罢了。我们常常批评别人太过骄傲，但是却看不到自己同样的品性，如果你自己没有骄傲之心，就不会觉得别人的骄傲是种冒犯。

曾经有一个学者，学富五车，精通各种知识，所以自认为无人可以和自己相比，很是骄傲。他听说有个禅师才学渊博，非常厉害，很多人在他面前都称赞那个禅师，学者很不服气，打算找禅师一比高下。学者来到禅师所在的寺院，要求面见禅师，并对禅师说："我是来求教的。"

禅师打量了学者片刻，将他请进自己的禅堂，然后亲自为学者倒茶。学者眼看着茶杯已经满了，但禅师还在不停地倒水，水满出来，流得到处都是。"禅师，茶杯已经满了。""是啊，是满了。"禅师放下茶壶说，"就是因为它满了，所以才什么都倒不进去。你的心就是这样，它已经被骄傲、自满占满了，你向我求教怎么能听得进去呢？"

19世纪的法国名画家贝罗尼到瑞士去度假，但他并不是单纯地四处游玩，而是仍然每天背着画架到瑞士各地去写生。

有一天，贝罗尼在日内瓦湖边用心画画的时候，来了三位英国女游客，站在他身边看他画画，还在一旁指手画脚地批评，一个说这儿不好，一个说那儿不对，贝罗尼没有反驳，都一一修改过来，末了还跟她们说了声"谢谢"。

第二天，贝罗尼有事到另一个地方去，在车站又遇到昨天那三位妇女，她们此时正交头接耳不知在讨论些什么。那三位英国女游客看到他，便朝他走过来，向他打听："先生，我们听说大画家贝罗尼正在这儿度假，所以特地来拜访他。请问你知不知道他现在在什么地方？"贝罗尼朝她们微微弯腰致意，回答说："不好意思，我就是贝罗尼。"三位英国妇女大吃一惊，又想起昨天不礼貌的行为，都不好意思地跑掉了。

骄傲有很多害处，但最危险的结果就是让人变得盲目，变得无知。骄傲会培育并增长盲目，让我们看不到眼前一直向前延伸的道路，让我们觉得自己已经到达山峰的顶点，再也没有爬升的余地，而实际上我们可能正在山脚徘徊。

3. 过满则溢，花要半开酒要半醉

老子曾经说过："良贾深藏若虚，君子盛德容貌若愚。"即善于做生意的人，总是隐藏其宝货，不叫人轻易看见；君子之人，品德高尚，容貌却显得愚笨拙劣。因此告诫世人，"花要半开，人要半醉"。有才华是好事，但不能作为炫耀的资本，既要显露才华，又要谦虚谨慎，这才是为人处世、人际交往之上策。

我们知道，凡是鲜花盛开娇艳的时候，肯定会立即被人采摘而去，也就是衰败的开始。我们也知道，在武术中有一高难度拳术，即"醉拳"。"醉拳"的厉害，在于一个"装醉"，表面上看来跌跌撞撞、踉踉跄跄、不堪一击，而其实"形醉而神不醉"，醉醺醺之中却暗藏杀机，就在你麻痹大意之时，将你打趴在地。所以，有"花要半开，酒要半醉"之说，人生在世，也是这个道理。

才华横溢，聪明绝顶自然是好事，但同时也要懂得内敛，学会装醉，不然，当你志得意满，目空一切的时候，别人会把你当成枪靶子、眼中钉。

春秋时期，郑庄公准备伐许。战前，他先在国都组织比赛，挑选先行官。众将一听露脸立功的机会来了，都跃跃欲试，准备一显身手。

第一个项目击剑格斗。众将都使出浑身解数，只见短剑飞舞，盾牌晃动，斗来冲去。经过轮番比试，选出了6个人来，参加下一轮比赛。

第二个项目是射箭，取胜的6名将领各射3箭，以射中靶心者为胜。有的射中靶边，有的射中靶心。第5位上来射箭的是公孙子都。他武艺高强，年轻气盛，向来不把别人放在眼里。只见他搭弓上箭，3箭连中靶心。他昂着头，瞟了最后那位射手一眼，退下去了。

最后那位射手是个老人，胡子有点花白，他叫颖考叔，曾劝庄公与母亲和解，庄公很看重他。颖考叔上前，不慌不忙，三箭射击，也连中靶心，与公孙子都射了个平手。

只剩下两个人了，庄公派人拉出一辆战车来，说："你们二人站在百步开外，同时来抢这部战车。谁抢到手，谁就是先行官。"公孙子都轻蔑地看了一眼对手。谁知跑了一半时，公孙子都却脚下一滑，跌了个跟头。等爬起来时，颖考叔已抢车在手。公孙子都哪里服气，提了长戈就来夺车。颖考叔一看，拉起缰绳飞步跑去，庄公忙派人阻止，宣布颖考叔为先行官。

公孙子都一直怀恨在心。颖考叔果然不负庄公之望，在进攻许国都城时，手举大旗率先从云梯上冲上许都城头。眼见颖考叔大功告成，公孙子都嫉妒得心里发疼，竟抽出箭来，搭弓瞄准城头上的颖考叔射去，一下子把颖考叔射了个"透心凉"，从城头栽下来。

锋芒太露的人虽容易取得暂时成功，却为自己掘好了坟墓。当你施展才华时，也就埋下了危机的种子。所以，做人切记恃才自傲，不知饶人。锋芒太露易遭嫉恨，更容易树敌，也就是说，有时候才华不宜显，有时候聪明需内敛。

锋芒太露而惹祸上身的典型在旧时是为人臣者功高盖主。打江山时，各路英雄汇聚在一个旗帜下，锋芒毕露，一个比一个有能耐。主子当然需要借这些人的才能实现自己图霸天下的野心。但天下已定，这些虎将功臣的才华不会随之消失，这时他们的才能成了皇帝的心病，让他感到威胁，所以屡屡有开国初期残杀功臣之事，所谓"卸磨杀驴"是也。韩信被杀，明太祖火烧庆功楼……无不如此。

大家读过《三国演义》后可能注意到，刘备死后，诸葛亮好像没有大的作为了，不像刘备在世时那样运筹帷幄、锋芒毕露了。在刘备这样的明君手下，诸葛亮是不用担心受猜忌的，并且刘备也离不开他，因此他可以尽力发挥自己的才华，辅助刘备，打下一份江山，三分天下而有其一。刘备死后，阿斗继位。刘备当着群臣的面说："如果这小子可以成器，就好好辅助他；如果他不是当君主的材料，你就自立为君算了。"诸葛亮顿时冒了虚汗，手足无措，哭着跪拜于地说："臣怎么能不竭尽全力，尽忠贞之节，一直到死而不松懈呢？"说完，叩头流血。刘备再仁义，也不至于把国家让给诸葛亮，他表面上说让诸葛亮为君，但怎么知道暗地里没有杀他的心思呢？因此，诸葛亮一方面行事谨慎，鞠躬尽瘁，一方面则常年征战在外，以防授人"挟天子"的把柄。之后他锋芒大有收敛，故意显示自己老而无用，以免祸及自身。这是韬晦之计，收敛锋芒是诸葛亮的大聪明。

当今社会，此理仍然，与领导交往的技巧就是"故意装傻"。这也就是指不炫耀自己的聪明才智、不反驳对方所说的话。其实要做到这一点是非常不容易的，必须要有很好的演技才行。然而，不是人人都可以傻得恰到好处，如果没有掌握得恰到好处，反而会弄巧成拙。

作为一个人，尤其是作为一个有才华的人，要做到不露锋芒，既有效地保护自我，又充分发挥自己的才华，不仅要说服、战胜盲目骄傲自大的病态心理，凡事不要太张狂太咄咄逼人，更要养成谦虚让人的美德。不要把自己看得太了不起，更不要稍有成就便得意忘形，以为自己绝顶聪明，殊不知树敌太多，事事必受他人阻挠。该收敛时就收敛，切勿光芒晃人眼。

4. 放下身架，才能提高身价

泰戈尔说过一句非常经典的话："当我们开始谦卑的时候，便是我们接近于伟大的时候。"难道不是这样吗？大海之所以能纳百川，正是因为它肯放低身段，所有的河流才能顺利进入它的怀抱。

在平常的生活中，我们总是能看到这样一些人，他们爱摆"身架"，显示出自己的与众不同，哪怕自己只是当了不起眼的一个小官，也要官腔十足。他们不管做什么事情都会装模作样，好像自己威风无比、天下独尊。然而，他们不知道，自己的"身架"摆得越大，在别人心目中的"身价"就越低。

乔治·华盛顿是美利坚合众国的第一任总统，他正是靠着他那平易近人的领导风格来赢得千万美国人的尊重和拥戴的。华盛顿虽然是个伟人，但他若在你面前，你会觉得他普通得就和你一样，一样的诚实、一样的热情、一样的与人为善。

有一天，他穿着一件过膝的普通大衣独自一人走出营房。他的低调让遇到的每一个士兵都没有认出他。当来到一条街道旁边时，他看到一个下士正领着手下的士兵筑街垒。那位下士双手插在裤袋里，站在旁边，对抬着巨大水泥块的士兵们喊道："一、二，加把劲！"但是，尽管下士喊破了喉咙，士兵们也经过了多次努力，但还是不能把石头放到预定的位置上。他们的力气几乎用尽，石块眼看着就要滚下来。这时，华盛顿疾步跑到跟前，用强劲的臂膀，顶住石块。这一援助很及时，石块终于放到了位置上。士兵们转过身，拥抱华盛顿，表示感谢。

华盛顿转身向那个下士问道："你为什么光喊加把劲却不帮一帮大家呢？""你问我？难道你看不出我是这里的下士吗？"那下士背着双手，趾高气扬地回答道。

华盛顿笑了笑，然后不慌不忙地解开大衣纽扣，露出他的军装："按衣服看，我就是上将。不过，下次在抬东西的时候，你也可以叫上我。"那个下士这时候才明白自己遇见的是谁，顿时羞愧难当。

人所谓的"身架"是一种"自我之认同"，不是缺点。但这种"自我之认同"也是一种"自我之限制"，也就是说，"因为我是这种人，所以我不能去做那种事"。所以，自我认同越强的人，自我限制也越厉害。而放下"身架"，就是做到为人处世、与人交往、待人接物时谦虚低调。"君子贵人而贱己，先人而后己。"百米赛跑，不低下身子就不能蓄势；拉板车上坡，不弓下腰就用不上劲。做人亦是如此，为人虚心，放下架子，才是关键。

如果要想在当今社会上走出一条路来，那么就要放下身架，也就是放下你的学历，放下你的家庭背景，放下你的身份，让自己回归到"普通人"中。同时也不要在乎别人的眼光和批评，做你认为值得做的事，走你认为值得走的路。

俗语"猪'大'了值钱，人'大'了不值钱"，说的也就是这个道理。"身架"与"身价"，既能给人带来荣耀，也可能会毁掉一个人的声名。昔日，三国的刘备若无"三顾茅庐"的求贤之举和平时礼贤下士的谦恭姿态，而是以"皇叔"的身份高高在上，就不会有三国争雄的故事。身份和地位越高的人，越要把自己的"身架"放下，只有这样才能赢得追随者的敬重和信赖。

只有放得下你的"身架"，你的思考才会富有高度的弹性，才不会有刻板的观念，而能吸收各种资讯，形成一个庞大的资讯库；只有放得下你的"身架"，你才能比别人早一步抓到好机会，也能比别人抓到更多的机会；只有放得下你的"身架"，你才会在未来的人生道路上披荆斩棘，让你的"身价"倍增。

所以说，即便你能力再强、水平再高、头衔再多、人际再广，只有放下你的"身架"，才可能真正提高你的"身价"。

放不下身架，就像是高高在上的酒杯，就是酒壶里有再多的好酒，也倒不进去，变成浪费。放下身架并不是比人矮一截，而是用谦卑和真诚的态度，去真正学习东西。

5. 谦虚是道德上的平衡点

古人有"满招损、谦受益"的箴言，告诫世人要虚怀若谷，对人对事的态度不要骄狂，否则就会使自己陷于四面楚歌之中，被世人讥笑和瞧不起。这样处世，怎么能使自己有进步呢？

法国资产阶级启蒙思想家孟德斯鸠说过："谦虚是不可缺少的品德。"

众所周知，美国前国务卿克里斯蒂安是以谦逊而闻名的。克里斯蒂安生平有两则脍炙人口的轶事，第一则即是他的谦逊。

克里斯蒂安在阿姆斯特大学的最后一年，获得了一枚金质奖章，它是由美国历史学会颁发的最高荣誉。这在全美国来讲，也是人人欣羡的，可他没有向任何人炫耀，甚至连自己父母都没有告诉。毕业后，聘用他的裁判官伏尔特，无意中从6周以前一份杂志的消息中发现了这一记载。这使他对克里斯蒂安倍加赞赏与青睐，不久便给了他一个很重要的职位。

在克里斯蒂安的一生中，从一名小小的职员一直到位高权重的国务卿，常以这种真诚谦逊的风貌出现在大众眼里。他的身价也因此而抬高。

克里斯蒂安的第二则轶事是：从表面上看，正好与他谦逊的美德相反，但仔细分析，其实质仍是出自于谦逊。

还是在克里斯蒂安从事马州（马萨诸塞州）州议员连任竞选的时候，在进行投票的前一晚，他将一个小而黑的手提袋包装好，急步向雷桑波顿车站走去，因为他忽然得到州议会议长一席空缺的消息。两天以后，他从波士顿归来，而他那小而黑的手提袋里已装满了多数议员赞同他为州议会议长候选人的签名。因为他平时为人谦逊，所以获得大家的赞赏和认可。就这样，克里斯蒂安开始步入自己政治生涯的正轨，就任马州州议会议长职务。

在适当的时机、对着合适的人，这位历来谦逊的人，用最敏捷的方法脱颖而出。真是"不鸣则已，一鸣惊人；不飞则已，一飞冲天"。

可见，在平素以真诚谦逊的态度待人，可以帮助我们博得大众的好感，为自己事业的腾飞奠定基础；一旦时机成熟或者机遇已到，就要充分利用谦逊所带来的身价，一蹴而就，达到目的。

另一个以谦逊闻名于世的人，就是美国南北战争时期南方联盟的战将杰克逊。

有人说"天赋的谦逊"是杰克逊显著的个性和优秀的品质。

他在西点军官学校就读时，便以谦逊著称。有一场"石城"战役，本来是他指挥的，但他却一再坚持说，功劳应属于全体官兵，而不属于他自己。还有一例就是，在墨西哥战斗中，总司令斯哥托对他的指挥能力予以了极高的评价，而杰克逊却从未向任何人提起过这事。

不过，杰克逊并不是视功名如粪土，从墨西哥战争开始时他给他姐姐的一封信中便可以看出，他有着树立声誉、博得大众注目的计划。因为那个时候他只不过是一个小小的副官。在他后来的事业进程中，这位勇敢、谦逊且聪明过人的人，机智地运用了他向上进取的每一计划，使斯哥托将军大有好感，在他的手下，杰克逊得到了不断的提升。

在此，我们不难看出，杰克逊谦逊的两重性与克里斯蒂安何其相似！这些人所不愿声张的，只是那些一定会为人所知道的事情。而当他的至关重要的功绩被人们忽略时，他们也会立即采取必要的行动来标识自己的，只是这是一种实事求是的标识罢了。

所以，只有目光短浅、胸无大志的人才会时时标榜自己做了什么，有时为了标识自己，甚至在大众面前掩饰自己的过失。像杰克逊、克里斯蒂安等伟大的人物却不是这样，他们都能超然于这种浅薄的虚荣之外。他们深知，人们所乐意接受和尊敬的是谦逊的人。

一个有功绩而又十分谦逊的人，他的身价定会倍增。

对于谦逊，我们还要指出一点的是：在这个现实的世界，好的道德与才能，如果没有人知道，并不就是很好的回报。这不仅是在欺骗自己，也是在欺骗别人，更是对自己功绩的诋毁。

所以，过度的谦虚并不是一种可取的美德。谦逊并适时地自我标识，也是一个人为获得成功运用的艺术之一。

另外，保持谦虚的品德对于人际交往也尤其重要。一个背着自负自傲沉重包袱的人，他的友谊财富必然少得可怜。这里，谦逊须以坦诚为基础，否则就难免陷入虚伪的泥潭。比如在讨论问题时，明明自己有不同见解，为了表示谦逊却不明白说出，或者吞吞吐吐，言而不尽；对方批评自己时，当面唯唯称是，背后却又发牢骚。

再者，还应划清两个界限。一个是谦逊与虚荣的界限。如果一个人故作谦逊姿态，以求得到"谦逊"的美誉，就是虚荣的一种常见的表现。这种虚荣心一旦被对方察觉，又怎会有愉快的交往可言？

再一个是谦逊与谄媚的界限。有些人在交际时爱表达一些言不由衷的溢美之词，以为只有这样才显得自己彬彬有礼，谦恭而有教养，殊不知，过分溢美，近于谄媚。虽说谄媚"也可造成协调，但这种协调是借奴性的无耻的罪过或欺骗所造成"（斯宾诺莎语）。

一言以蔽之，谦虚是通往成功和赢得人们尊重的最重要的品质之一。

6. 把每个人都当作自己的老师

即使你是一匹能够日行千里的好马，有时也必须依赖识途老马才能找到出路。

托马斯·杰斐逊是美国第三任总统，他也许不如乔治·华盛顿和亚伯拉罕·林肯那样有名，但哈佛学生全都读过由他起草的《独立宣言》。虽然杰斐逊是二百多年前的人物，但许多哈佛学生认为，从他身上仍可以学到许多有用的东西。

"每个人都是你的老师。"这是杰斐逊最著名的一句名言。

1743年，杰斐逊出生在一个经济富裕的家庭。他父亲是军中的一名上将，母亲则出身于名门世家。不论是从家世背景还是从受教育程度来看，他都属于社会的上层人士。当时的贵族对一般民众除了发号施令之外，很少与他们交谈。但杰斐逊却不管这一套，他和家中的园丁、佣人、餐厅里的服务生们都能轻松、愉快地交谈。

能使人轻松、愉快地和你交谈绝对是一门高深的学问，千万别低估它的价值。杰斐逊有一次对法国伟人拉法叶特说："你必须像我一样到一般的民众家里去坐一坐，看一看他们的菜碗，尝一尝他们吃的面包。只有你这样做了，你才能理解他们不满的原因，并且懂得正在酝酿中的法国革命所蕴含的深刻意义了。"

在哈佛大学这个人才荟萃之地，每一个人身上都有一些值得别人学习之处。因此，杰斐逊"向每个人学习"的论点是颇受哈佛师生推崇的。

一位哈佛大学的教授指出："杰斐逊总统的勇气和理想主义是建筑在知识之上的。"在他生活的时代里，他知道的几乎比任何人都多。据说他在很年轻时就能够解释太阳和星球的运动，并能绘制房屋设计图、训练马匹、拉小提琴等。

杰斐逊有着无穷的潜力和精力，他着手过创造发明的研究，写过书，发表新的见解并开创了多个领域中的人类活动的新纪元。他还是一位农业专家、考古学家和医学家。他用来试验作物的轮种法和土地肥沃保护法，要比美国社会正式推行早了整整一个世纪。他还发明了一架比当时更为先进且完善的犁具。他影响了整个美国的建筑业。他经常制造出一些能方便人们日常生活的设备。人们对他发明的许多小机器，都如数家珍：如一架能誊写重要文件的机器、一个能同时标示室内和户外气温的温度计、一张旋转桌和许多其他东西。

1796年，杰斐逊成了美国哲学界的领袖，这对注重自由和进步的美国哲学流派提供了很大帮助。这一流派里包括了好几位伟人：一位是著名作家汤姆斯·潘恩；另一位是本杰明·拉什博士，他对心理学做出了杰出的贡献；还有一位是发现氧的约瑟·普里斯特利。他们这些人一致公认杰斐逊是他们的领袖，因为他对他们研究的范围无一不通晓。

熟悉他的人写道："杰斐逊外表看来不像总统，倒更像是一位哲学家。他爱好质朴的哲学。在他参加宣誓就任总统的典礼时，他一人独自骑马前去，自己把马拴在栏杆上，然后再去参加典礼。他痛恨'阁下'这一称呼，而坚持让人叫他杰斐逊先生。他的身高有七英尺，体格十分强壮，但他的衣服好像总是太小了。他随意地坐在朋友们中间，脸上带着开朗的笑容，整个人就是一副轻松闲适的样子。人们常说，他走到哪里，就会把那种不拘礼节的作风带到哪里。"

生活上也亦然。不妨将每个人都当成自己的老师，虚心求教。倘若你能在路口就知道这是条死胡同，又何必一定要自己花时间再去里面转一圈呢？

"不必问自己是成功还是失败，该问的是你是否保持着学习姿态。"放下虚荣心和面子吧，仔细观察身边的人们，你绝对会发现并领受在他们身上所"涌现"出来的宝贵经验。

7. 居安一定要思危，得意更要保持低调

从历史中可以看出，我们自古就是讲究中庸的，这个词几乎涵盖了整个儒家文化。不过分地偏左，也不过分地偏右，尽可能保持平衡。这个理念如果用在隐忍学上，那就是得意的时

候要低调，居安而思危；失意的时候要坚强，不能一蹶不振。

世事变幻，人生无常。隐忍学告诉我们，时刻记住"锐者易折"的道理。人生总有得意时，但是得意也要保持低调。

南北朝时期，陈后主是陈朝的最后一个皇帝。唐代诗人杜牧有感于陈朝灭亡，写下一首七言绝句，说的就是陈后主不理朝政，骄奢淫逸："商女不知亡国恨，隔江犹唱后庭花。"

本来陈后主即位之初政治比较清明，国家富强安定，可是这种情况持续的时间并不长，由于陈后主的骄傲自满，以为陈朝已经固若金汤，无须居安思危，所以终日花前月下，纵情酒色，放浪形骸。很快，刚开始的明君就变成了昏庸之君。

即位后不久，陈后主被弟弟叔陵所伤，终日在后宫养病，只留当时他最宠幸的张贵妃陪伴于身旁，将其他妃嫔包括皇后都摒斥在外。

皇后沈婺华，出身显贵，父亲为陈朝重臣，母亲是陈朝开国皇帝陈霸先之女会稽穆公主，她聪明贤淑，精通诗书礼仪，但因羸弱多疾，后主对她还不及一般妃嫔，这样一来，备受宠幸的张贵妃宠冠后宫。

陈后主修建了许多富丽堂皇的宫殿，分别给张贵妃、孔贵妃等受宠的妃嫔居住。每日饮食起居均由这些人服侍，并且每次饮宴，都命诸妃嫔和女大士等吟诗作乐，选出较好的谱成歌曲，命上千名宫女习而歌之。轻歌曼舞终日弥漫整个后宫。张贵妃初入宫时，是龚贵嫔侍儿，偶然被后主见到，被其美色迷惑，对其宠爱有加，很快封为贵妃，后生太子深。她又非常会察言观色，每次宴会宾客，张贵妃都会推荐诸宫女参与其事，宫女们对她甚为感激，于是都在皇帝面前说她好的一面。

张贵妃得宠以后，陈后主越来越怠于政事，文武百官凡有奏章，都必通过宦官蔡脱儿、李善度等人才能达于帝前，而每次批改奏章，后主都与张贵妃共同定夺，张贵妃正好借此机会十預政事，朝中的大小事情没有她不了解的，后主见朝野上下的言论，张贵妃足不出宫都了如指掌，更加对她宠幸。可是后主并没有看到，政治形势的可危之处：朝中宦官佞臣，内外勾结，王公显贵，骄横不法，花钱买官者屡见不鲜。更有甚者，后宫犯法的，只要请张贵妃说情，后主往往都会既往不咎。荒于酒色的陈后主仍然没有意识到，"一时的兴旺并不代表一世的兴旺"，还继续过着骄奢淫逸的靡烂生活。

朝中正直的官吏实在看不下去了，上奏后主，阐明了朝中的混乱局势，并且力陈施文庆、沈客卿等人飞扬跋扈、专制朝政之举，可昏庸的后主已听不进任何忠言，先后将大臣毛喜贬谪出朝，右卫将军兼中书通事舍人傅縡赐死狱中。

耿直的大臣章华，上书后主说："陛下即位，于今五年，不思先帝之艰难，不知天命之可畏，溺于嬖宠，惑于酒色，祠七庙而不出，拜妃嫔而临轩，老臣宿将，弃之草莽，谄佞谗邪，升之朝廷。今疆场日蹙，隋军压境，陛下如不改弦易辙，臣见麋鹿复游于姑苏台矣。"

后主收到这样的奏章不但没有悔过自新，而且一怒之下将其斩首，朝中官员见后主如此暴虐，都明哲保身，三缄其口，一个本来兴旺发达的国家就被陈后主弄得岌岌可危了。他总以为自己是那个"得志"之人，而不知道"失意"之日已不远矣。

陈后主本来可以避免亡国，但是奸臣当道，妃嫔蛊惑，更加上他自己不知居安思危，最终导致国家灭亡。古往今来，太多才高位高之人不是因为自身能力输于别人，而是因自己的功绩变得骄矜自恃，忘了"盛极必衰，物极必反"的道理，这样也终会被命运惩罚。

《史记·滑稽列传》中说："酒极则乱，乐极则悲。万事尽然，言不可极，极之而衰。"祸福之间是可以互相转换的，得意到了极点，往往就是失意的开始；最辉煌的时刻，就意味着你将开始走下坡。

所以，真正的智者懂得，在得意时更要压低姿态。因为失意的时候自然低沉了，一旦得意，人会不自觉地膨胀，自我放大，就像一把开了刃的尖刀。好像没有什么困难能难倒他，没有什么问题他解决不了。殊不知，这把尖刀随时可能伤害他最亲近的人，也随时可能受到意外的打击。因为它锋利，所以它才脆弱，折断可能只是瞬间的事。

明朝有个人叫沈万三，是当时的"全国首富"。他家有田产上万顷，而且在四路八乡的城镇开设了许多店铺。对于他的商业才能，余秋雨先生有过一句评价：中国14世纪杰出的理财大师。

沈万三太有钱了，就连当时的首都南京城，都有一半是他修筑的。朱元璋定都南京后，准备重修都城。可是由于连年的战乱，造成国库十分空虚，皇帝确实是没有那么多钱，只好向几个大户借钱。财大气粗的沈万三当仁不让，主动表示承担一半的钱粮开销。

商人出身的沈万三自然有他的道理：这次自己出了大钱，而且是帮皇上的忙，这个功劳还小吗？如果靠上皇帝这棵大树，名利双收指日可待。

沈万三的自我感觉好极了，得意之情溢于言表。当今皇上都得靠我接济，这是何等荣耀啊！他与皇帝的工程同时开工，结果沈万三先于皇帝完工，朱元璋很不高兴。

修筑帝都三年之后，沈万三觉得"不过瘾"，又申请由自己"掏腰包"犒赏三军。全国军队每人银子一两，总共近百万两。看到这种情况，朱元璋更难受了，他本来就出身贫苦，再加上心胸狭窄，终于由妒而恨，"匹夫犒天子之军，乱民也，宜诛之"。从那时起，朱元璋下令收他每亩九斗三升的重税，相当于亩产的一半多。

沈万三认为，自己是修建首都的头号功臣，而且还给大明的军队花了那么多钱，皇帝怎么也得向我这个"土财主"表示一下谢意。可是他忘了那句话：功高盖主。大明朝是人家朱元璋的，姓朱不姓沈，朱皇帝哪里容得下沈万三这样普度众生的"活菩萨"？

朱元璋心里琢磨道：沈万三花了那么多钱，会不会是想收买我的天下？就算你有再多的钱，我说句话就能给你安个乱民的罪名，把你的财富变成姓朱的！朱元璋翻脸了，要不是马皇后求情，沈万三真要人头落地；最后沈万三被发配到云南，亿万家产也被收缴。

　　曾经的荣华富贵一下子变成了过眼烟云，一贯养尊处优的他，根本受不了云南的凄凉清苦。身体上的折磨还是次要的，心理上的痛苦才让他不能承受，自己为了大明朝出了那么多的财力，最后却落得这样的下场，太窝囊了。不出三年，沈万三就在愤懑抑郁中死去了。

　　古人的故事告诫今人，在牢记"无限风光在险峰"的同时，我们更不要忘记"高处不胜寒"！诚然，我们不能要求所有人都像古人所说"无欲则刚"，但也并不能如李白所畅言"人生得意须尽欢"！

　　在人生得意时，一定要在内心给自己划一道警戒线，哪些是可以逾越的，哪些是不能触碰的。这体现了一个人的修养，身居高位而沉得住气，才是胸中真正含有大韬略的人。记得，矜持低调、克己奉公、不事张扬，只有懂得这些生活道理并真正做到的人，才能站得更高、走得更远！

第七章

朋友交往"五六分"，
君子之交淡如水

对朋友要"敬而无失"。如果朋友之间保持一定的距离，可以使朋友忽视彼此缺点，而发现对方的优点和长处，并对对方有所牵挂，这样友谊就易于维持下去。

1. 淡化你的优越感

有了好东西就和大家一起分享，把自己拥有的好东西露给别人看一看，把自己的得意之事说给别人听一听，本来也没有什么大不了的。但是，如果炫耀的心理太炽热，想听好听、奉承和赞美之话的渴望太强烈了，人就陷入了"卖弄"之歧途。而这种卖弄有时就像是毒药，会让你上瘾，最后失去做人的本性。

但是相反，如果你确实有能力，别人都能看到的，你不说出来，别人也会把你的能力捧出来，这样既满足了你在别人面前展示的心理，大家也会主动推荐和支持你。

某单位宣传部干事小张在较有影响的报刊上发表了几篇理论文章。团委小高在工会宣传干事小王面前羡慕地夸奖道："小张真不错，最近又有一篇文章在某某刊物上发表了！"小王顿时敛住笑容，酸溜溜地说："他有那么多闲工夫，发两篇文章有什么了不得的？哼！"

小高见状，自知失言——这话让小王觉得挂不住脸了。他只好尴尬地点头笑了笑，走出工会办公室。

当自己明显比别人强时，你在感情上还是要和大家在一起，这样别人就不会再嫉妒你了，也会认为你是靠自己的努力得来的成功。

你被派去单独办事，别人去没办成，而你却一下子办妥了。这时，如果你这么说："我能办妥这件事，是因为我卖力肯干。"就容易让人觉得你处于优位是理所当然的，因而会嫉妒你的能力。但你要这么说："我能办妥这件事，一方面是因为前面的XX去过了，打了基础，另一方面多亏了XXX的大力帮助。"这就将办妥事的功劳归于"我"以外的人的因素"XXX"上去了，从而使人产生"还没忘了我的苦劳，我要是有群众的大力帮助也能办妥"这样的借以自慰的想法，心理上得到了暂时平衡。"我"在无形中便被淡化了优位。

"小李毕业一年多就提了业务厂长，真了不起，大有前途呀！祝贺你啊！"在外单位工作的朋友小张十分钦佩地说。"没什么，没什么，老兄你过奖了。主要是我们这儿水土好，领导和同事们抬举我。"小李见同一年大学毕业的小王在办公室里，便压抑着内心的欣喜，谦虚地回答。

小王虽然也嫉妒小李的提拔，但见他这么谦虚，也就笑盈盈地主动招呼小李的朋友小张："来玩了？请坐啊！"

不难想象，小李此时如果说什么"凭我的水平和能力早可以提拔了"之类的话，那么小王肯定要嫉妒死了，更不可能与小李和平相处。

如同"中和反应"一样，一个人身上的劣势往往能淡化其优势，给人以"平平常常"的印象。当你处于优位时，注意突出自己的劣势，就会减轻嫉妒者的心理压力，产生一种"哦，他也和我一样无能"的心理平衡感觉，从而淡化乃至免除对你的嫉妒。

通过艰苦努力所取得的成果是很少被人嫉妒的，如果我们所处的优位确实是通过自己的艰苦努力得到的，那么不妨将此"艰苦历程"诉诸他人，加以强调以引人同情，减少嫉妒。

比如，在邻居、同事还未买车的时候，你却先买了。为了免受"红眼"，你可以这么说："我买这车可不容易。你们知道我节衣缩食积攒了多少年吗？整整六年啊！辛苦啊！我们夫妻俩都是低工资，一毛钱一毛钱地攒，连场电影都舍不得看，太难了……"

听了这些话，对方就很难产生嫉妒之心。相反，或许还会报以钦佩的赞叹和由衷的同情。

另外还要注意，切忌在同性中谈及敏感的事情，女性之间的嫉妒多半因容貌而起。女人爱嫉妒，所以，女人对容貌、衣着、风度气质以及爱情生活、夫妻关系等话题相当敏感，很容易产生嫉妒。

2. 尽量保留朋友的颜面

在中国这个"熟人社会"里，人与人之间产生冲突的最基本原因除了利益之外，就是面子问题。不给别人面子不啻于伤害别人自尊，亲密朋友反目成仇也不是不可能的。无论何时，我们都得维护别人的面子，打人莫打脸，说话莫揭短。

在电器方面，史坦恩梅兹是个异乎常人的天才。在他担任通用公司电器部门的总管时，把企业管理得井井有条，连年来，公司的销售额不断上升。不久，他被升任为通用公司计算机部门的主管。然而，这一次他却遭到彻底的失败。人并非是万能的，看着计算机部门糟糕的业绩，通用高层领导心急如焚，但他们也不敢对史坦恩梅兹有所冒犯，毕竟，他为公司做出了贡献，而且，公司也绝对不能缺少这样一个人才。

通过最后的协商，他们想到了一个绝妙的办法。既让敏感而又极其自尊的史坦恩梅兹愉快地接受工作调动，又不会对他的自尊心造成什么打击。

通用公司下了一纸命令，决定在公司内部成立一个新的部门——通用电器公司顾问部。史坦恩梅兹担任"顾问总工程师"，并且兼任部门主管，史坦恩梅兹对这一调动很高兴，他愉快地接受了调动，而且还认为这对自己的面子没有任何损害。

每个人都有自尊心，都不愿在人前或对方面前丢面子，所以我们要想说服别人，必须针对这一实际状况采取措施，在说服工作上要留有余地，不要把话说绝，给被说服者留面子。

下台阶的具体方法很多，如转移话题法，如果注意到对方对某些话题避而不谈，就不要穷追不舍，硬要人家说出自己的不足，而要适时地将话题引到别的方面。肯定他人的优点，承认自己的错误——使对方心理得到平衡。

洛克菲勒是美国石油大王，他曾经有一位同事名叫贝特福特，他既是洛克菲勒的合作者，也是他的下级。

有一次，贝特福特独自负责一桩南美的生意。但非常不幸，这次他失败了，而且输得特别惨，所以，贝特福特自认为实在是没脸再见洛克菲勒。下一次再开董事会时，洛克菲勒一定会毫不客气地批评他，他的心里一连好几天都很紧张。

这天，公司的董事会召开了。贝特福特硬着头皮来到会议室，他等着洛克菲勒的批评，而且在这之前已经做好了充分的思想准备。

洛克菲勒开始讲话了："贝特福特先生。"

贝特福特心里一阵发紧，他最担心的事情还是不可避免地发生了。

"首先，我可以肯定你在南美确实做了一件不成功的事情。但是……"洛克菲勒的语气变得是那么亲切、缓和。"大家知道你已经尽力了，虽然这次失败了，但是我相信在这件事情上没有人会比你做得更好。而且我们也正做着让你重整旗鼓的计划……"

说过这一番话，贝特福特倍感温暖，先前的抑郁一扫而光。他又重新找到了自信。尤其是在董事会上洛克菲勒没有让他难堪，因此，他对洛克菲勒非常感激。

人都有自尊心，都不愿意在别人或众人面前丢面子，都会因为顾忌面子而与别人发生过或多或少的冲突，这是因为每个人都很在乎它。所以我们要想说服别人，就必须针对这一实际情况采取办法，在交际中要留有余地，不要把话说得太绝、说得太死，要给朋友留点面子。

除非是万不得已，尽量考虑到如何保全朋友的颜面，只有这样，你才算一个合格的社交人士。

其实，在我们身边，即使是被大多数人认为"无用"的人，他们也有自己的长处。他或许比别人差一点，却在某一方面潜藏着特长；也许他比别人笨拙，却也因此比别人更勤奋卖力，所以，总会有适合他的一项工作，千万不要对他人有嫌弃的态度，更不要伤到他人的面子。

一天中午，查尔斯·施瓦布路过他的炼钢车间，发现有几个工人在抽烟，而在他们的头上就挂着一块写有"严禁吸烟"字样的牌子，这位老板怎么教训他的伙计呢？痛斥一顿吗？拍着牌子说："难道你们不识字吗？"不，都不是。老板深谙批评之道，他走到这些人面前，递给每个人一支雪茄烟，说：

"年轻人，如果你们愿意到别处去吸烟，我会很感谢你们的。"胆战心惊的工人们心里有数，头儿知道他们坏了规矩，但他却没说什么。相反送给每人一支雪茄，他们感到了自己的重要，保住了面子而且感觉很不错，因此，他们对自己的上司更加敬重了，这样的领导有谁会讨厌呢？

说服一个人，自己说得头头是道，却无情地剥掉了别人的面子，伤害了他的自尊心，那样就容易抹杀你跟他之间原有的很深的感情，你将得不偿失；即便你是他的领导，选择用温言说服，不仅能达到目的，而且还能赢得他的尊重。如果不顾及别人的面子，即使达到了说服的效果，也不一定能保证他就是心服口服的，而且还会对彼此之间的感情有所伤害。

每个人都会因为面子而与别人发生过或多或少的冲突，这是因为每个人都很在乎它。因此，在说服别人的时候，你也要尽量考虑到保全对方的颜面，只有这样，说服才有可能获得成功。就像在职场中，你想要改变同事已公开宣布的立场，首先要做的就是尽量顾全他的面子，使对方不至于背上出尔反尔的包袱。假如在一开始，你与同事没有掌握全部事实的情况下产生了分歧，为了说服他，你可以这样说："当然，我完全理解你为什么会这样设想，因为你那时不知道那回事。"或者说："最初，我也是这样想的，但后来当我了解到全部情况后，我就知道自己错了。"这样的表达可以把对方从自我矛盾中解放出来，使他体面地收回先前的立场，你们之间的关系不会因此蒙上阴影。

3. 再好的朋友也要保持一定距离

距离感是人际关系的自然属性，有着亲密关系的两个朋友也毫不例外。成为好朋友，只说明你们在某些方面具有共同的目标、爱好或见解以及心灵可以沟通，但并不能说明你们之间是毫无间隙、融为一体的。

朋友间建立一份真诚的友谊，的确是一件非常美好的事情。伯牙鼓琴，子期知音，高山峨峨流水淙淙，而能够将这份美好的情谊保持下去，使之能够经受风雨的吹打，则更为可贵。

过深的了解使你发现了对方人性自私甚至卑劣的一面。于是，不和谐开始出现，被欺骗感和不忠实使你对友谊产生了怀疑，冷淡和争执又将友谊的根基动摇，再难恢复原来的亲密。这时你便会懊恼：为什么自己要破坏两人之间的距离美、和睦美。

刘路大学时的好哥们鲁辉因为生意失败缺钱周转，刘路就拿出自己的几万元借给了他。鲁辉知道刘路是倾囊相助，所以对他感激不尽。这之后鲁辉每晚都会打电话来大吐苦水，刘路每天下班很晚才到家，还要花两三个小时陪他聊天解闷。说完他的事，他又开始说刘路家的事，而且上上下下的事他都要评论几句，大大小小的事他都要打听。

开始，刘路觉得他心情不好，只要问起，都说上几句。可有一天他回家很晚，发现妻子对他爱理不理，原来鲁辉在电话里跟他妻子评论了不少他的家事，害得妻子以为他对她有意见。更糟糕的是，鲁辉也会半夜三更来找他，让刘路陪他去酒吧。

这样的日子持续了将近一个月，刘路再也忍受不了了，妻子、孩子的生活也受到了影响，对他牢骚满腹。刘路觉得自己现在也自身难保了，再也没精力帮他了。有一天，他也跟鲁辉大吐苦水，鲁辉非常尴尬。之后两人的联系越来越少，友情也变淡了。

很多人误以为好友之间应该无话不谈、亲密无间，却不晓得过多了解别人的隐私和过多介入别人的生活于人于己都是负担！

无论你和朋友多么知心，都须明白"疏不间亲、血浓于水"的道理，你的朋友最亲近的人是他的配偶、子女和父母，而不是你。

生活中常见的一幕是：约朋友周末出来聚聚，朋友说要陪老婆或女友，便讥笑朋友"重色轻友"。其实，"重色轻友"也没什么不对，无论多要好的朋友，都不应占用对方太多的时间，不应过多介入对方的家事。

而且，生活中总会出现朋友之间产生利益冲突的情况。互相走得越近，伤害越大。有时候争吵中会互相揭短，过后大家又很后悔，但已经来不及了。

苏菲毕业后结识了琳达和凯蒂，她们在同一个单位工作，既是同事又是朋友，结下了深厚的友谊，都说有相见恨晚的感觉。她们三个经常黏在一起玩，甚至每晚聊到半夜，像是热恋中的男女，一日不见如隔三秋。但就是这样的友谊最终也走向了分裂。

有一天，因为到外地出差，苏菲和琳达单独住在了一起，交谈中她们俩才得知凯蒂很虚伪。原来，凯蒂平时在琳达面前总是说苏菲的不是，而在苏菲面前又说凯蒂的不是，一直在破坏她们之间的感情。

至于谁是谁非，凯蒂的目的又何在，不得而知。总之，之后三个人亲密无间的情形再也看不到了。

在结交朋友的时候，不要一味相信对方的友谊。如果对方是一个别有用心、居心不良的人，友情随时可能被玷污。都说君子之交淡如水，好的友情不是靠说出自己的隐私来维系的。因此你谨慎从事，没有任何坏处。常言道："逢人只说三分话，未可全抛一片心。"

如果你的朋友是个通情达理的人，他必定会劝告你、开导你，如果你的朋友是一个好惹是生非的人，很有可能把你的话传给你议论的人，引起对方的怨恨。如果你的朋友用心不良，还会夸大事实，添油加醋，有意挑起冲突，这将让你在朋友中处于十分尴尬的境地，严重的还会酿成大祸。

沈辰与任娟是好姐妹，以前她们是同事，自从结婚之后两个人的关系也随之发生了变化，成为了闺蜜。

一直以来，沈辰的感情都不是很顺利。在与丈夫谈恋爱的时候，她就曾想过分手，可是任娟知道了之后说现在大龄女人很难找对象的，还不如早点结婚算了，分了再找就晚了。沈辰听了感觉也是如此，于是就结婚了。

如今，沈辰的丈夫三天两头都见不到踪影，经常在外面花天酒地，甚至还养了一个情人。这些事情让沈辰无法忍受，最终她坚决地同丈夫离婚了。

本来她因为这段失败的婚姻非常痛苦，不想再提起，然而任娟却常常"提醒"她："你怎么那么傻。女人，谈恋爱的时候双眼一定要睁大点，仔细找一个好老公。结婚之后呢，就睁一只眼闭一只眼。唉！感情就这回事，忍一忍就过去了，谁知道你都不通报一声就离婚了。你看现在一个人难过了吧……"

任娟对他们感情的这一番评论，让沈辰听傻了，因为她万万没想到任娟不但不安慰她，反而像是在责备自己没有看好老公，离婚之后过孤苦的生活是自找的。

"离婚是我自愿的，为什么要通报你；感情是我的，不需要你的评论。当初你为什么不劝我别嫁给他呢？"

朋友的感情不要去评论，只能试着去理解。感情是两个人的事，如果第三个人插手，就会变得复杂起来，即使你们是朋友也不行。在朋友遇到感情问题时，也是他最脆弱的时候，他需要的是安慰，不是指责，也不是指手划脚。

在这个时候，真正的朋友会体谅对方，安慰对方。而那些控制欲强的人则会把自己的观点强加给朋友，对朋友进行批评或指责。

一位哲人说："亲密的友谊，可以不拘礼节，此乃理所当然。但是，话虽如此，却并非容许人们踏入他人绝对禁止入侵的领域。无论彼此的关系如何，都必须保持某种程度的礼节。"

距离产生美，虽然好朋友可以亲密无间、朝夕相处，但也应给彼此留下适度的空间。要尊重对方，不要妄意打探朋友的隐私，对朋友不愿多说的事不应刨根问底，更不能在别人面前说三道四。每个人都有自己相对独立的生活，总想介入朋友的生活，这种行为就好像紧靠在一起取暖的两只愚蠢的刺猬，为了得到彼此的温暖，却忘记了自己身上长满了利刺……可想而知，最终的结果一定是将对方刺得遍体鳞伤，把自己也扎得体无完肤。

朋友之间保持适当的距离，你怀着关切的目光在旁边默默注视着他，一直默默关心着他；绝不过多干涉对方的生活，而在他需要的时候挺身而出，为他排忧解难，像一场及时雨一样滋润着他的心田，令他倍感轻松，这才是真正的朋友。

朋友的感情问题不要触及，因为你的评论不可能是站在两个人的角度上考虑的，也不会一个人体会到两个人截然相反的感受，更不可能感受到他们由相爱到分手、海誓山盟变为分道扬镳的整个过程，所以你的评论是不真实的，不切实际的；反过来评论朋友感情的是与非对于你来说没有一点好处，反而为你们的友情添加了伤痕。

每个人都有自己的生活方式，无论多好的朋友都不要过多地干涉朋友的生活。就算怀有很好的期许，有时候有些话点到为止才是起码的尊重。

如果两个好朋友在事业上能够志同道合，在生活上能够互相关心，而在私人生活上又相对独立，彼此不打扰对方喜欢的生活，那才是一种高尚的友谊，相信这也正是我们与人交友时所要追寻的境界。

4. 往"比我们高"的人身边站

很多时候，大多数的穷人非常排斥与富人交往，所以圈子里绝大多数也只是穷人。久而久之，心态成了穷人的心态，思维成了穷人的思维，做出来的事也自然就是穷人的模式。

而相对于穷人来说，富人偏偏最喜欢结交那种对自己有帮助，能提升自己各种能力的朋友，他们不放任自己仅以个人喜好交朋友。在他们的眼里，只要是能够对自己有帮助的，而且实力在自己之上的，他们都绝对不会放过结交的机会。因为他们明白，只有这样，自己才能从他们身上学到成功的秘诀，从他们那里获取更多有利于自己成长的东西。

谢方瑜是一名普通的办公室文员，她来自一个蓝领家庭，平时不怎么喜欢结交朋友。经常和她在一起的几个朋友，也同她一样，都是一些为了生活而到处奔波的打工者。为此，谢方瑜时常郁闷，为什么自己和朋友就永远都只能做一个打工者呢？

在谢方瑜的公司里，和她一个部门的田丽丽是一位很优秀的经理助理，而且拥有许多非常赚钱的商业渠道。她生长在富裕家庭中，而且她的同学和朋友都是学有专长的社会精英。相比之下，谢方瑜与田丽丽的世界根本就是天壤之别，所以在工作业绩上也无法相比。

因为刚来公司不久，谢方瑜不知道该如何与来自不同背景的人打交道，所以人缘不是很好。一个偶然的机会，谢方瑜参加了某项职业能力提升培训，她才得知，原来自己之所以一直这样"默默无名"，与自己所结交的人和事有很大的关系。

她回家后仔细地分析了一下，因为平时和那些姐妹们在一起不是抱怨生活，就是抱怨自己的命运有多么坎坷。而且通常那些朋友也和她一样，常常为了一点事情就沮丧不已。真正出了什么事情，彼此之间却因为能力有限而帮助不了对方。

从那以后，她开始有意识地在公司多和田丽丽联系，并且和田丽丽建立了良好的私人关系。私下里，她通过田丽丽认识了许多大人物，事业也开启了新的篇章。

的确，朋友之间的相互影响，会有潜移默化的作用。也许你今天胸怀壮志，准备干一番大事业，但是你的朋友却渴望安逸、平静的生活，于是在他的影响下，你的这番心思也渐渐地被淡化。慢慢地，就如同过往尘烟，一吹即散了。

也许，很多人会说，如果带着这种"有色眼镜"去看人，未免有点太不地道。其实不然，如果你平常只知结交一些一无是处的朋友，他们只会接受你给他的帮忙，而在你处于困境时，对方却因为自身能力有限无法帮助你，这时你得到的结果也只能是失败。所谓"近朱者赤，近墨者黑"，如果一个人总是在一些小圈子里面混，那么将永无出头之日。

成功是一种磁场，失败也是。一个人生活的环境，对他树立理想和取得成就有着重要的影响。周围的环境是愉快的还是不和谐的，身边有没有贵人经常激励你，关心你的前途。

所以，我们要想"抬高"自己的价值，就必须往"比我们高"的人身边站。

要有主动寻找优秀的人，向他们学习。想要通往财富之路的你，学学这些企业家的精神吧！

在接触和寻找的过程中，要遵守以下原则：

（1）放下自卑，主动出击

可能你会想，我既没有钱，又没有权，才能一般，相貌普通（记住，用色相去接近贵人更危险），怎么才能得到别人的提携呢？

放下自己的那点自卑，主动去接近成功者，没有人会拒绝对他有好感的人，就算是再普通的人，只要礼仪周到、不卑不亢，有自己的风格，有独立的人格，他们一样喜欢结交。他们比普通人更需要真诚的朋友，因为他们在生活和工作中已经有很多的谄媚讨好者了。所以你不必谄媚讨好，只要有最起码的尊重和礼貌，有对对方最真诚的认可和崇拜，你们一定会有不错的交流和交往。

(2) 积极参与社交

结交更优秀的人，往自己的圈子里放几张"大牌"，有一个重要的前提是要认识更多的人。如果我们每天只活在既定的圈子里，那么你在这个圈子里的机会肯定是寥寥无几。只有拓宽交往渠道，积极参与社交活动，你才有更多的机会获得他人的帮助。

当然，很多人说，面对一些陌生的面孔，心里会很紧张，而且在那种场合往往觉得自己很卑微。在陌生的环境中，不舒适的感觉当然会有，但是所谓一回生两回熟，打起精神来，度过你的恐惧期，你一定会成为新的社交圈里的常客。

5. 即使是跟好友做生意，也得"约法三章"

如果你想开创一份事业，而你身边的好朋友正好也有相同的想法，这时，你们是否会一拍即合呢？

好朋友的诱惑在于朋友之间的那种心心相通，在于"有福同享，有难同当"，在于"两肋插刀"的气魄。有这么多诱人的因素摆在面前，仿佛只要有了好朋友，一切问题就能解决了。好朋友可能是同学、战友、发小。互相之间没有利害冲突，可以随心所欲地说东道西，聊天喝酒。更难得的是好朋友彼此知根知底，没有面对陌生人的种种不便。

正因为如此，一般人在创业或者开拓自己的事业时，总是想找好朋友一起做。按理说，当你和好朋友走到了一起，为了共同的事业一起努力，大家一起赚钱，这是一桩好事。但这里面有一个谁领导谁的问题。兄弟之间还可以有一个大哥，但好朋友之间就难分彼此了，平时觉得意气相投，直来直去惯了，可工作就不能这样了。总得有个人说话更有分量一些，但一个人一个想法，一个人一套思路，日久天长就会产生摩擦，产生隔阂，最后好说好散还好，就怕弄得钱没赚到，反倒丢了朋友。

桃园三结义的刘、关、张，友谊可谓轰轰烈烈，千古流芳，但他们共事的结果是什么呢？一事无成而已。刘备太倚重自己的两个兄弟，结果诸葛亮对关、张二位就纵容了。关羽在华容道放走了曹操，按军纪关羽该斩，但看在刘备的面子上，这事情就连提都不提了。而刘备在得知自己的二弟关云长死后，不顾诸葛亮的百般劝阻，一意孤行只想替自己的好兄弟报仇，结果白白浪费了大好机会。同样是三国，曹操一代奸雄，秉性多疑，没有朋友，但偏偏是他打下基业，别人难以望其项背，只能自叹弗如。

当然并不是说朋友不重要，但是，好朋友并不意味着就是好的合作伙伴，因此找合作伙伴一定要慎重。

公元前206年，刘邦率领大军攻入关中，到达离秦都咸阳只有几十里路的霸上。子婴在仅当了46天的秦王后，向刘邦投降。刘邦进咸阳后，本想住在豪华的王宫里，但他的心腹樊哙和张良劝诫他别这样做，免得失掉人心。刘邦接受他们的意见，下令封闭王宫，并留下少数士兵保护王宫和藏有大量财宝的库房，随即还军霸上。为了取得民心，刘邦把关中各县父老、豪杰召集起来，郑重地向他们宣布："秦朝的严刑苛法，把众位害苦了，应该全部废除。现在我和众位约定，不论是谁，都要遵守三条法律。这三条是：杀人者要处死，伤人者要抵罪，盗窃者也要判罪！"父老、豪杰们都表示拥护约法三章。接着，刘邦又派出大批人员，到各县各乡去宣传约法三章。百姓们听了，都热烈拥护，纷纷取了牛羊酒食来慰劳刘邦的军队。由于坚决执行约法三章，刘邦得到了百姓的信任、拥护和支持，最后取得天下，建立了西汉王朝。

由于刘邦同自己的老百姓约法三章，所以才取得了一个关键性的胜利，同样在商场上，约法三章显得尤为重要。不成规矩，何以成方圆？其实，生意场上也是一样，即使是和好朋友、铁哥们合伙做生意，也要事先明确原则。每个个体在享受自由的同时，也要受到一定的约束。

创业之初我们往往会选择志同道合的朋友或自家亲戚作为合伙人。在这种情况下，一方面碍于情面的考虑，一方面也出于对合伙人的信任，很多敏感和利益相关的问题都被模糊处理了，当事后出现纠纷时就会后悔不已。其实，亲兄弟也要明算账，大家坦诚相待，把敏感的利益问题事先协商好，更有利于在以后的经营过程中相互配合与协调。否则各打各的小算盘，对企业的整体发展也非常不利。

王京文19岁从江西财经大学毕业后，就到国务院事务管理局财务司工作，认识了厦大的苏启强。随后两人于1988年一起辞职下海，创办了"用友财务软件社"。当年两人从别人那借了5万元，买了一台长城0520DH电脑，白天出去推销软件或做用户服务，晚上回来编程序。在两人的共同努力下，用友飞速发展，但到了1993年，两人在是否搞多元化的问题上产生了冲突。

面对用友这样具有巨大潜力的企业，两人分家的时候却出乎意料的和平。这主要得益于两人虽然在生活上是死党，彼此也非常信任，但在创业之初还是以产权明晰的个体工商户形式注册的，公司创办时就有明确的投资协议，规定了谁的股份是多少，以及各自准确的比例。更重要的是在创业之时，他们就明白总有一天他们会分开走，钱确实重要，但更重要的是信用。"用友是大家的成果，该是谁的就是谁的。"

在我们习惯了每一次企业创始人分手的腥风血雨之后，王京文和苏启强的平静应该可以给我们带来更多的思考。创办企业之初，大家集中力量使企业能够正常运转起来，有着共同理想的人共患难是容易的。但是企业正常运转后，关于公司以后的发展方向，公司利益的分配，公司的日常管理等等，不同的合伙人也许就会产生不同的想法，其实这些是无关于人品道德的，但是同样会导致各种纠纷的产生。所以如果先小人后君子，大家一开始就算得清楚一些，减少一些暧昧不明的地带，对于合伙人，对于企业的发展都有好处。

6. 异性友谊的最高境界

很多人质疑异性友谊，因为它难以把握，难以捉摸，可遇不可求。

其实男女之间的友谊是一种人类的高尚感情，是介乎爱情和友情之间的一种情感。在这种感情里对方不是爱人，不是情人，但关系又超出一般朋友。这种感情不言爱，更不言性，但会令你心动，却又不会动情；让你温暖，但不会有激情，纯净中有甜美，平淡中有绵长。

有一句话的比喻是最贴切的，那就是：站在不远不近的地方去欣赏对方。这种感情在于心的了解，精神的交融，两人的心贴得很近，身体却离得"很远"，这是一种精神层面上"柏拉图"式的感情，只有理性的人才能做出，只有理智的人才能得到。

两个人在一起时，有着精神上的默契，有着心灵的统一，他们可以谈爱情，谈婚姻，谈未来，可以无所顾忌地谈人生所有的问题，心有灵犀，心意相通，相知相惜。互相扶持，互相敬重。随意但庄重，亲密但理性，相知而无私。拥有这种感情的两个人，不会当自己是异性，他们可以紧紧地握手，也可能会结结实实地拥抱，但那与性无关，是友爱是欣赏，是思无邪，而绝不是欲望，不是占有。他们会一起欣赏尼采，会一起探讨拜伦，但绝不是互送一朵鲜花。他们可以一起去郊游，可以一起去喝酒，到了车站，说声拜拜，各走各的路，不用相约，不用相守。

奥黛丽·赫本和被誉为"世界绅士"的格里高利·派克，在《罗马假日》中相识，那是一次经典而隽永的合作，但两人终究未能成为眷属，后来，他将自己的好朋友介绍给她，他送给他们的结婚礼物是一枚蝴蝶胸针。她去世后，他来看她最后一眼，并且在自己87岁高龄的时候，在慈善义卖活动中，他拄着拐杖，颤巍巍地买回了当年他送出的蝴蝶胸针，将它戴在自己的胸前——这枚胸针陪伴他离世升入天国。

这种纯洁友情超越了爱情，永远让世界为之唏嘘动容。

柴可夫斯基和梅克夫人是一对相互爱慕而又从来没有见过面的朋友。梅克夫人是位酷爱音乐、儿女成群的富孀，她在柴可夫斯基最孤独、最失落的时候，不仅给予他经济上的援助，还给了他极大的鼓励和安慰，激励柴可夫斯基在音乐殿堂一步步走向顶峰。柴可夫斯基最著名的《第四交响曲》和《悲怆交响曲》都是为这位夫人而作。

二人从未见过面的原因并非因为相距遥远，相反他们居住地最近时仅隔一片草地。之所以不见面，是害怕心中那种朦胧的美和爱，在见面后被某种太现实、太物质的东西所替代。他们一生中最亲密的一次接触，只不过是两驾马车相遇时，彼此深情凝视的几秒钟。

正是这样的距离产生了美，创造了美，使他们把爱恋转化为精神上的欣赏，升华为完美崇高的人性，超凡脱俗使他们的交往成为亘古永恒的相互支持。但他们两人之间仅仅是友谊吗？那互相爱慕的种子早已经在各自心里生根发芽，只是，他们用理智克制，让它化为了精神上永远的相依。

7. 朋友之间要不计前嫌

当我们有对不起别人的地方时，是多么渴望得到对方的谅解啊！是多么希望对方把这段不愉快的往事忘记啊！但是，我们为什么不能用如此宽厚的心胸为他人开脱呢？

朋友之间，要有点"不念旧恶"的精神，况且人与人之间，在许多情况下，人们误以为"恶"的，又未必就真的是什么"恶"。退一步说，即使是"恶"吧，对方心存歉意，诚惶诚恐，你不念恶，礼义相待，进而对他格外地表示亲近，也会使为"恶"者感念你的诚心，改"恶"从善。

唐朝的李靖曾任隋炀帝时的郡丞，最早发现李渊有图谋天下之意，便向隋炀帝检举揭发。李渊灭隋后要杀李靖，李世民反对报复，再三请求保他一命。后来，李靖驰骋疆场，征战不疲，安邦定国，为唐王朝立下赫赫战功。魏征也曾鼓动太子建成杀掉李世民，李世民同样不计旧怨，量才重用，使魏征觉得"喜逢知己之主，竭其力用"，也为唐王朝立下丰功。

宋代的王安石对苏东坡的态度，应当说，也是有那么一点"恶"的。他当宰相的时候，因为苏东坡与他政见不同，便借故将苏东坡降职减薪，贬官到了黄州，搞得他好不凄惨。然而，苏东坡胸怀大度，他根本不把这事放在心上，更不念旧恶。王安石从宰相位子上下来后，两人的关系反倒好了起来。苏东坡不断写信给隐居金陵的王安石，或共叙友情，互相勉励，或讨论学问，十分投机。苏东坡由黄州调往汝州时，还特意到南京看望王安石，受到了热情接待，二人结伴同游，促膝谈心。临别时，王安石嘱咐苏东坡：将来告退时，要来金陵买一处田宅，好与他永做睦邻。苏东坡也满怀深情地感慨说：劝我试求三亩田，从公已觉十年迟。二人一扫嫌隙，成了知心好朋友。

相传唐朝宰相陆贽，有职有权时曾偏听偏信，认为太常博士李吉甫结伙营私，便把他贬到明州做长史。不久，陆贽被罢相，被贬到了明州附近的忠州当别驾。后任的宰相明知李、陆有这点私怨，便玩弄权术，特意提拔李吉甫为忠州刺史，让他去当陆贽的顶头上司，意在借刀杀人，通过李吉甫之手把陆贽除掉。不想李吉甫不记旧怨，上任伊始，便特意与陆贽饮酒结欢，使那位现任宰相的借刀杀人之计成了泡影。对此，陆贽自然深受感动，他便积极出点子，协助李吉甫把忠州治理得一天比一天好。李吉甫不搞报复，宽待别人，也帮助了自己。

有一句名言说"生气是用别人的过错来惩罚自己"。对别人的坏处总是念念不忘，实际上最受伤害的就是自己的心灵；把自己搞得痛苦不堪，何必呢？这种人，轻则自我折磨，重则就可能进行疯狂的报复。

乐于忘记是成大事者的一个特征，既往不咎的人，才可甩掉沉重的包袱，大踏步地前进。

乔治·罗纳是一位优秀的律师。由于工作的关系，他认识了很多人，也结交了很多朋友。二战时，他逃到了瑞典，因为会几国的语言，所以很容易地找到了一份书记员的工作。他保持着自己爱交朋友的习惯，不久之后，他就有了一批很好的新朋友。

他的一位朋友很爱出去旅行。一次，他和那位朋友一起出去旅行，到达了沙漠。一开始他们走得很顺利，但不幸的是，半路上，车子抛锚了，他们不得不步行走出茫茫的大沙漠。他们艰难地上路了，走得很辛苦。沙漠里不仅又干又热，而且不时有风沙迷住他们的眼睛。恶劣的环境让他的朋友变得暴躁起来，他开始抱怨，而乔治也埋怨朋友不该选择这样一个危险的地方旅行。他们越说越气愤，最后吵了起来。那位朋友咆哮着："乔治，如果我手里有一支枪，我一定要打爆你的头。"乔治·罗纳没有回击，而是冷静下来，蹲下身，在沙子上写下一行字：某年某月某日，布兰克对着我发火，说要打爆我的头。一阵风沙吹过，那行字很快就无影无踪了。

历经艰难之后，他们终于走出了沙漠。有一段时间，他们再也没有来往过。但是，等到他们冷静下来之后，都觉得自己做得不对。于是，在一个酒会上，他们又走到了一起。那位朋友举杯对乔治道歉说："乔治，对不起，都是我太冲动了，我真不该对你发那么大的火，而且把你带到沙漠里旅行也太欠考虑了，幸好我们都活着回来了。"乔治也举杯检讨了自己的过错。然后，他拿起一把小刀在一块石头上刻下一行字：某年某月某日，布兰克和我互相检讨自己，我们的友谊长存。

布兰克奇怪地问："乔治，你为什么那天在沙子上写字，而今天在石头上刻字呢？"乔治·罗纳认真地回答："爱要刻在石头上，而恨要写在沙子上，这是为了让我们记住爱，而忘记恨。沙子上的字很容易就被风吹掉了，就像我心上没有留下任何痕迹一样，而石头上的字，是无论如何不会磨灭的，它将见证我们之间的爱和友谊。"

我们每一个人都应该有这样的胸襟，因为爱是我们心头最值得纪念也最值得珍藏的回忆。将爱刻在我们的心里，我们的生活会变得更加阳光；而恨则不过是心头的一阵风，吹过就烟消云散了，并不值得介怀。当爱长存在我们心底的时候，我们的生命便会更加精彩。

第八章

执着别超过"五六分"，该放手时就放手

　　一个生命背负不了太多的行囊，拖着疲惫的身躯走在人生大道上，我们注定要抛弃很多。果断地放弃是面对人生、面对生活的一种清醒而明智的选择，只有学会放弃那些本该放弃的东西，生命才能轻装上阵一路高歌。

1. 放下不是失去，而是为了更好地拥有

每个人的心灵空间都是有限的，要想装下更多美好的东西，就需要丢弃一些不必要的"库存"，只有这样，心灵才不会有太多的负累。

很多时候，我们之所以紧紧地抓住某个东西，迟迟不愿松手，是因为我们害怕，一旦放手，我们就会失去。实际上，放手并不等于失去，放手是为了更好地拥有。

对于一份已经死亡的爱情，抓在手中又有什么意义呢？不如放手，放他（她）一条生路，也是在给自己一条生路。放弃，并不意味着失去，放弃旧的东西，才能用新的东西填充未来，我们每个人都应该有对新生活的憧憬以及勇敢地放弃痛苦生活的洒脱。放弃之后，你会一身轻松，太阳是全新的，外面的世界是全新的，那些旧的阴霾都已经消散，迎接你的是美好的明天。

从前，有两个农夫，他们每天都要翻过一座大山去耕地。有一天傍晚，他们在回家的路上发现路边有两大包棉花，两人喜出望外，如果将这两包棉花卖掉，足可使一家人一个月衣食无忧。所以，两人马上各自背了一包棉花，匆匆赶路回家。

走着走着，其中一个农夫看到山路上竟然有一大捆布。走

近细看，竟是上等的丝绸，足足有十几匹。欣喜之余，他和同伴商量，一同放下背负的棉花，改背丝绸。

可是同伴却不同意他的看法，他认为自己背着棉花已经走了一大段路，到了这里丢下棉花，岂不枉费自己先前的辛苦？不管他怎么劝，同伴都不听，没办法，他只好竭尽所能地背起丝绸，跟同伴继续前行。

又走了一段后，背丝绸的农夫看到树林里有东西在闪闪发光，走近一看，竟然是很多黄金，农夫心想这下真的发财了，赶忙邀同伴放下肩头的棉花，改为背黄金。

同伴仍然坚持要背着棉花，以免枉费先前的辛苦，并且怀疑那些黄金不是真的，劝他不要白费力气，免得到头来空欢喜一场。

发现黄金的农夫只能尽己所能，用丝绸包了两包黄金，然后和同伴一起回家。

快到家的时候，突然下起了瓢泼大雨，两个人无处躲藏，全身都淋透了。更不幸的是，背棉花的农夫背上的大包棉花吸饱了雨水，压得他喘不过气来，棉花已经浸水，也没人愿意要了，无奈之下，农夫只好丢下一路辛苦背来的棉花，空着手和挑金子的同伴回家去了。

不可否认，不放弃是一种良好的品性，但是问题是，如果你所坚持的目标是错误的，而你仍要奋力向前，迟迟不愿放手，那只能说这是一种愚蠢的行为。在错误的道路上，过分坚持会导致更大的错误。成功者的秘诀是随时检查自己的选择是否出现偏差，合理地调整目标，放弃无谓的坚持，轻松地走向成功。

因此，我们要学会灵活地看待放弃和选择，什么时候应该放弃，要根据自己的情况而定。诺贝尔奖得主莱纳斯·波林说："一个好的研究者应该知道发挥哪些构想，丢弃哪些构想，否则，会浪费很多时间在无用的事情上。"

传说有一种虫子，每当遇到一些物品，都喜欢背在自己的背上，日积月累，它背上的东西越来越多，它又不愿放下一些，终于被压趴在地上。有人见它可怜，好心地帮它取下一些，它爬起来继续前行，但遇到其他物品又会背在背上。后来，它想越过一堵高墙，却因背负太重，爬到一半的时候由于气力不支，坠地而死。

小虫什么都不舍得放下，只知道往身上堆积物品，以至于被重物压死。其实，我们又何尝没有犯过同样的错误呢？与那只小虫相比，人们更加贪婪，总是执着于名与利，执着于一份痛苦的爱，执着于渺茫的梦，执着于空想的追求，执着于人生的完美……适当地放下才是正确的选择。懂得放弃才有快乐，背着包袱走路总是辛苦，只有懂得放弃才能有更多精力去获得自己该得到的。

很多时候，人们只看到了放下时的痛苦，却忘记了不放下所可能带来的更大的痛。就如那只小虫一样，什么都不想放下，结果不但没有翻过高墙，还坠地而死。电影《卧虎藏龙》里有这样一句很经典的话："当你紧握双手，里面什么也没有；当你打开双手，世界就在你手中。只有懂得放弃，才能在有限的生命里活得充实、饱满。"

有一位名叫迈克莱恩的英国人，热衷于探险。1976年，他随英国探险队成功地登上珠穆朗玛峰。在下山的路上，一行人遭遇了暴风雪。在恶劣天气的影响下，他们每行一步都极其艰难。而令人担忧的是，暴风雪根本就没有停下的迹象。更可怕的是，他们的食品已所剩不多，如果停下来扎营休息，很可能在没有下山之前，就会被饿死；如果继续前行，大部分路标早已被大雪覆盖，极有可能会迷路。而且，每个队员身上所带的增氧设备及行李，会压得他们喘不过气来，这样下去就会步履缓慢，登山队员即使不被饿死，也会因疲劳而倒下。

在整个探险队陷入迷茫的时候，迈克莱恩建议大家丢弃所有的随身装备，只带一些食物轻装前行。他的这一建议几乎遭到所有队员的反对。他们认为现在离下山最快也要十天时间，这就意味着这十天里不仅不能扎营休息，还可能因缺氧导致体温下降，身体被冻伤。那样，他们的生命将是极其危险的。

面对队友的顾忌，迈克莱恩很坚定地告诉他们："我们只能这样做，这场暴风雪极有可能持续很长一段时间，如果再拖延下去，路标就会被全部掩埋。丢掉了重物，我们就不会再有任何幻想和杂念，只要我们坚定信心，徒手而行，就可以提高行走速度，这样我们还有生的希望！"最终队员们采纳了迈克莱恩的意见，一路上大家相互鼓励，忍受疲劳和寒冷，不分昼夜前行，结果只用了8天的时间，就到达了安全地带。

直到他们下山，暴风雪依旧没有停止。这时，队员们都暗自庆幸自己当初的决定。

多年后，英国国家军事博物馆的工作人员找到迈克莱恩，请求他赠送一件与英国探险队当年登上珠穆朗玛峰有关的物品，收到的却是莱恩因冻坏而被截下的10个脚趾和5个右手指尖。

因为当年迈克莱恩的决定，他们的登山装备无一保存下来，留下来的，只有那些冻坏的指尖和脚趾。这是博物馆收到的最奇特也是最珍贵的赠品。

佛教中所说的"放下"，不是说什么都不要，而是说究竟要什么、要多少，这才是最重要的。正如罗斯顿说过的："你的身躯很庞大，但是你的生命需要的仅仅是一颗心脏。多余的脂肪会压迫人的心脏，多余的财富会拖累人的心灵，多余的追逐、多余的幻想只会增加一个人生命的负担。"

2. 放下执念，学会变通

佛家说："财富会空，真空能生妙有。"人在迷惑的时候，往往会有许多心结打不开，这通常都是因为自己钻牛角尖，固执己见，听不进别人的逆耳忠言所致。

所以当我们遭遇不顺、陷入烦恼的时候，无论迷惑、愚痴或邪见，只要不执着，就有办法化解。

有一天，一位信徒向一休禅师告辞："师父，我不想活了，我要自杀。我经商失败，无法应付债主们的讨债，只有一死了之啊！"

"难道就没有别的路了吗？"

"没有了！我已经山穷水尽了，家里只剩下一个幼小的女儿。"

禅师说："我有办法帮你解决，只要你把女儿嫁给我。"

信徒大惊失色："这……这……这简直是开玩笑！您是我师父啊！"

禅师挥挥手说："你赶快回去宣布这件事，迎亲那天我就到你家里，做你的女婿。"

这位信徒素来虔信一休禅师，只好照办。迎亲那天，看热闹的人把信徒家里挤得水泄不通。

一休禅师安步当车抵达后，只吩咐在门口摆一张桌子，上置文房四宝，围观的人更觉稀奇，一个个屏气凝神准备看好戏。一休禅师安安稳稳坐下来，轻松自在地写起书法，一会儿工夫就摆了一桌的楹联书画。大家看一休禅师的字写得好，争相欣赏，反而忘了今天到底来做什么。结果，禅师的字画不到一刻钟就被抢购一空，钱堆成小山一样高。

禅师问这位信徒说："这些钱够还债了吗？"

信徒欢喜得连连叩首："够了！师父您真是神通广大！"

一休禅师轻拂长袖说："好啦！问题解决了，我也不做女婿了，还是做你的师父吧！"

所谓"穷则变，变则通"，能够不断寻求解决之道，就会有所觉悟，有了觉悟就会有受用，此即"迷中不执着，悟中有受用。"

寺庙里，有一位修为深厚的老和尚，他身边聚集着一众虔诚的弟子。

这一天，他嘱咐弟子们："徒儿们，你们每人都去南山打一担柴回来吧。"弟子们匆匆告别师傅下山。但行至离南山不远的河边，眼前的一幕却让所有弟子都目瞪口呆——只见洪水从山上奔泻而下，阻住了去路，弟子们无论如何也休想渡河打柴了。众人只得悻悻而归，无功而返。弟子们多少都有些垂头丧气。唯独有一个小和尚，却与师傅坦然相对。

老和尚笑问："打不成柴，大家都很沮丧，为何你却如此淡定？"

小和尚看了看师傅，从怀中掏出一个苹果，递给老和尚，说道："虽然过不了河，打不了柴。但我却看见河边有棵苹果树，上边还结了苹果，我就顺手把这唯一的苹果摘来了。"

后来，这位小和尚成了老和尚的衣钵传人。

世上有走不完的路，却也有过不了的河。遇见过不了的河掉头而回，是一种生存智慧。但在河边摘下一颗新"苹果"，无疑是一种更大的生存智慧。历览古今，抱持这样一种生活信念的人，大都最终实现了人生的突围和超越。

目标只有一个，抵达目标的路线却可以有所不同。在实现目标前，切忌一头扎进去，我们需要静下心来琢磨琢磨选择哪种路线更有效。有时选择比努力更重要，尤其是当自己的努力成效甚微时，我们更需要放下执念，学会变通。

第　要告诫自己：有些事情必须选择妥协。

池田大作曾说："权宜变通是成功的秘诀，　成不变是失败的伙伴。"的确，成功除了坚持到底之外，最重要的是必须在该转身和变通的时候，及时放下自己食古不化、固执己见的想法，否则只会让自己离成功的目标越来越远。所以，我们要告诫自己：有些事情必须放下执念，选择妥协。有种观点说得好："根据情景的变化，及时调整人生的航线是量力而行的睿智和远见，放弃已不再适合局势的航线则是顾全大局的果断和胆识。"

第二是要养成学习新知识、接触新事物的习惯。

绝大多数执念的人，都是一些思想狭窄、看问题片面、不喜欢接受新事物者。由于思维方式偏激，观念固定重复，他们的大脑皮层形成了一个"情性兴奋中心"，一旦某种思想、观念深深地扎根其中，自然很难容下其他思想、观点。因此，要想放下执念，就得不断学习新知识，接触新事物，开阔自己的思路，养成不断更新思维方式的习惯。要知道，人生如戏，每个人都是自己生命唯一的导演。只有学会选择新事物，放弃旧事物的人才能够彻悟生活，笑看生活，拥有海阔天空般的境界。

第三是要善于克制自己，保持适度的自尊。

自尊心过强是导致固执的重要原因，而固执又常在虚荣心的满足中得到发展。"自尊"作为人的一种精神需要固然是必要的，也是良好的。但自尊心过强，并且不是靠智慧、技能、高尚品格获得，而是用执拗、顶撞、攻击、无理申辩来强求，就会发展为固执。固执的人为了达到自己的目的所表现出来的"坚持到底"的行为，与真正的百折不挠、顽强不屈的精神并不能相提并论。因此，要想避免陷入执念的泥潭不可自拔，就得加强自我调控，善于克制自己，以保持适度的自尊。

第四是做事认真而不迂腐，灵活而有原则。

做事太认真的人，往往会变得顽固执拗。太认真会让人看不清楚周围真实的情况，最后受害的是自己，自己受伤、吃了亏还不知道为什么。简而言之，即，认真的生活态度是需要的，但认真得过头了就大事不妙了。

3. 不要忧虑超过我们能力的事

很多人，一辈子在为一个大目标奋斗，可到头来不是依然在山脚下，就是在半山腰，所谓的顶峰依然可望不可即。即便我们拼了老命达到了这个高度，那又怎样？你的身后还有一大拨人前赴后继，你在这个山头会看到更高的山，你的心又会为征服另一个高度而躁动。

你这一辈子跋山涉水，似乎仅仅就为一个高度而活，你在攀越时，是否留意你周围那些美好的却一瞬而过的风景，是否有人陪你一路攀越？你在这一路上留下的，更多的是欢声笑语、无怨无悔，还是在孤独时光里产生高处不胜寒的感觉？孤独寂寞无处诉说，你是孤胆英雄，可你的美人，你的知己在哪里？

如果有一天，无数人达到你的那个高度，与你比拼实力，当你无法抵挡、被人挤落下来后，你到底有多少承受能力？你有勇气反败为胜，重整旗鼓吗？假如你跌落得足够深、摔得足够重，你还拿什么去追赶别人？

其实，静下心来仔细想想，生活中的许多事情，并不是你的能力不强，恰恰是因为你的愿望不切实际。事实上，世上任何事情都有一个限度，超过了这个限度，它就可能是极其荒谬的。

一个和尚，身着破衣芒鞋，云游四方，立志要当一名得道高僧。当他去化缘的时候，因为身上总是背着一个口袋，所以被人们叫做"布袋和尚"。因为有一个口袋，别人以为里面放的是他用的、吃的，所以一见口袋小了就一直不停地供养。后来和尚嫌一个布袋不够，就背了两个布袋出门化缘。

有一天，和尚像往常一样外出化缘，化得了满满的两大袋食物。在回去的路上，因为布袋太重，就在路旁歇息打盹。茫然中，他仿若听到有人对他说："左边布袋，右边布袋，放下布袋，何其自在。"

他猛然惊醒，细心一想：我左边背一个布袋，右边背一个布袋，这么多东西缚住自己，压得人喘不过气来，为什么不放下呢？如果能够全部放下，不是很轻松很自在吗？他幡然顿悟，丢掉了两个布袋，就此得道。

我们应时常肯定自己，尽力完善我们能够掌控的东西，剩下的，就安心交给老天。只要尽心尽力，只要积极地朝着更高的目标迈进，我们的心中就会保存一份悠然自得。从而，也不会再跟自己过不去，责备、怨恨自己了，因为，我们尽力了。即便在生命结束的时候，我们也能问心无愧地说"我已经尽了最大的努力了"，那么，你真正地此生无憾了！

很多时候，为了成功，即使付出再大的代价，人们也在所不惜。然而谁都无法否认，成功的人都是努力的，但努力的人并不一定成功。何况更多的时候，人们总是把远大理想和欲望膨胀混为一谈。尤其是在如今这个更民主、更自由，充满了更多机遇的时代，面对满树的红苹果，没有人不跃跃欲试，没有人不想把它们一一收入囊中。随之而来的，自然是或欣喜、或抱怨、或抑郁、或失常、或崩溃……所以哲人告诉我们：只摘够得着的苹果。

人生的高度一个又一个，它不是一尺，更不是一丈。不要太贪心，也不要太急促。设置你心目中合适的高度，快乐而充实地奋斗。你不用急着第一个到达，也不要为别人早到一步纠结郁闷，更不要因为别人超越你抓狂绝望。这个世界上不是所有人都比你强，也不是所有人都比你弱，你需要的仅仅是一份内心的安然和平静。

快乐不是来自我们所拥有的东西，而是来自我们所做的努力。扯断伤心的铁链，断然挣脱烦恼的人，必然能享受快乐。不要忧虑超过我们能力的事。

4. 不一定要"功成身退"，但要学会"见好就收"

"功成身退"的思想在今天对许多人来讲已经不太适用。它会使人失去积极的进取心，从而满足于现状，当一天和尚撞一天钟，这是其糟粕之处。

但事实上，这里提出的"功成身退"仅是一种退守策略，是指一个人能把握住机会，获得一定成功后，急流勇退，将一切名利都抛开，这样才合乎自然法则。因为无论名或利，在达到顶峰之后，都会走向其反面。

中国历史上这种例子不胜枚举。

汉高祖刘邦的军师张良在辅佐刘邦获得天下之后，便毅然光荣隐退。他向刘邦请求："我是帮你成为帝王的军师，蒙恩拜领万户封地，名列公侯。我的任务至此已经完成。从今以后，我要舍弃俗世，漫游仙界。"刘邦应允了他的请求，所以，张良才得以功成身退，安享晚年。

公元前五世纪，在今天的苏杭一带，有吴、越两国。两国虽然相邻，但是为了争夺霸业，互不相让，相互对抗。后来，越王勾践败于吴王夫差之手，不得不逃亡会稽山，忍辱负重与吴国谈和。在几经交涉后，吴国才答应让勾践回国。勾践回国后一直记着所受的耻辱，卧薪尝胆，立誓雪耻。二十年后，终于灭亡吴国。而帮助越王成功的就是范蠡。范蠡不但是一个忠心耿耿的臣子，而且是一个有智慧的智者。

范蠡被任命为大将军后，自忖：长久在得意之至的君主手下工作是危机的根源，勾践这个人臣下虽然可以与他分担劳苦，但是不能与他共享成果。

于是他便向勾践表明自己的辞意。勾践并不知道范蠡的真实意图，于是拼命挽留他，但范蠡去意已定，搬到齐国居住，自此与勾践一刀两断，不再往来。

移居齐国后，范蠡不问政事，与儿子共同经商，很快成为富甲一方的大富翁。齐王也看中他的能力，想请他当宰相，但他婉言谢绝。他深知，"在野而拥有千万财富，在朝而荣任一国宰相，这确实是莫大的荣耀。可是，荣耀太长久了反而会成为祸害的根源"。于是，他将财产分给众人，又悄悄离开了齐国到了陶地。不久后他又在陶经营商业成功，积存了百万财富。

可见范蠡才智过人，并具有过人的洞察力。他之所以离开越国，拒绝齐王的委任，以及成功地经营事业，这些都是因为他深刻敏锐的洞察力所致。有一句成语叫"明哲保身"，明哲就是指深刻的洞察力，即发挥深刻的洞察力来保全自己。范蠡正是这种能够明哲保身的人。

现在的人把明哲保身和但求无过联系在一起，实际上是不恰当的。前者是一种积极而充满智慧的处世方式，而后者则是一种消极被动的应世方法，二者具有本质的区别。

明哲保身的人可以像范蠡那样用自己的洞察力去应付世事，从而获得成功；而但求无过的人只能处处受别人的左右，不但丧失自己的个性，而且也不会获得事业的成功。

所以这里说的见好就收，只是提醒大家不要太执着；人们常常在生活中对一些东西很执着，可是一旦持有执着的心情，就无法真正自由地生活，也无法用轻松的想法来谋求自我实现。那么，如果过分执着一件事，会变成什么样子呢？

一位大学考试失利的青年，被母亲带来见日本的关大彻和尚。这位青年为了进入一流大学就读，从小就努力用功。可是，一流大学的"围墙太厚"，他连连失败，结果便想吃安眠药自杀。

青年的脑袋瓜里面，因为有不入一流大学宁可死的想法，所以便陷入执着。考取一流大学是他的人生目标，他觉得只要能实现，万事都可一帆风顺。总之，他太过执着于要进一流大学的想法，所以在经过几次的挑战失败后，由于自己无法超越这层障壁，只好选择死亡。

执着心往往会使自己的视野狭窄，其实进入一流大学并不是人生的全部——如果不这样想，自己很多其他的想法都会一一失去。走上极端以后，就会像这位青年一样，选择用自杀的方法，来否定自我。这都是因为执着心，使自己的心硬化起来的缘故。所以人必须放弃执着心，看淡、看开，退一步海阔天空。

5. 好马很多，回头草很少

古人说"识时务者为俊杰"，自古具有雄才大略之人皆能顺应时势成就大事，永远走在时代的前面。兵法说，战法应该"与时迁移，随物变化"，这也就是"造势"的奥妙所在。

萧何是刘邦的第一功臣，在汉高祖开创西汉王朝的大业中，萧何忠贞不二地追随刘邦：在丰沛起义中首任沛丞，刘邦屈就汉王时任汉丞，西汉建国以后，任汉朝的丞相，并享有"带剑上殿，入朝不趋"的特权。

在近三年的反秦战争中，他赞襄帷幄，筹措军需，直到打下咸阳进入汉中。在四年之久的楚汉战争中，萧何在后方精心经营，保证了兵源和军需的充足供应。危难关头，他多次力挽狂澜，使刘邦绝处逢生。其中脍炙人口的故事有"咸阳清收丞相府""力谏刘邦就汉王""收用巴蜀，还定三秦""月下追韩信""制定九章律""诱捕淮阴"……

萧何以其超人的智慧、胸襟和气魄为西汉王朝的创建和稳固建立了不朽的功勋。建国以后，刘邦的江山渐渐稳定了，时过境迁，萧何的功劳有那么大，刘邦自然对他产生了猜忌和怀疑。

汉十二年初，萧何看到长安周围人多地少，就请求刘邦把上林苑中的空闲土地交给无地或少地的农民耕种。这本来是利国利民的一件小事，不料却让刘邦龙颜大怒，他以受人钱财为由，将萧何关进大牢。困惑莫名的老丞相，出了监牢，才明白自己犯了"自媚于民"的错误。

淮南王英布造反，刘邦御驾亲征，萧何留守京城。战争中，刘邦不断派使者回来，回来一次就一定要去见萧何，问候萧何。萧何的幕僚警告他："君灭族不远矣。"萧何一听此言，如五雷轰顶，方明白自己已有了功高盖主之嫌，再继续做收揽民心的事情就必然引起皇帝的疑心，招来杀身之祸。

于是他就利用权势以极低的价格强买民田民宅，激起民怨。终于使刘邦将他看作为子孙谋利，胸无大志的人物。刘邦回到京城，收到了一大堆平民百姓告萧何的状子，然后对萧何放心了许多。

一个人在一系列不可抗拒的因素下，要想走有利于自己发展的道路，就要有长远的战略规划和发展目标。注意"长远"两个字，既然重在长远，就不能在意眼前，该退让的时候就退让。

有一则寓言故事，一匹精良的马从草原上走过，眼前全是绿油油的青草，它一边随便地吃几口，一边向前走。

它越走越远，而草越来越少，几天后，它已经接近沙漠的边缘了。它只要回头走就可以重新吃到美味的青草，但它坚持想："我是一匹精良的马，好马不吃回头草。"后来，在饥饿干渴的折磨下，它倒在了沙漠中。

在古代，像这样有"骨气"的人，宁可被活活饿死也不屈服，的确是很伟大，但有时候，你并不能把"骨气"与"意气"划分得很清楚。绝大多数人在面临该不该退让时，都把"意气"当成"骨气"，或用"骨气"来包装"意气"，明知"回头草"又鲜又嫩，却怎么也不肯回头去吃。

如果你不吃回头草就会饿死，吃"回头草"时又会碰到周围人对你的非议。因此你吃你的草，全然不要顾忌那么多，你只要认真诚恳地吃，填饱肚子，养肥自己就可以了！何况时间一久，别人也会忘记你是一匹吃回头草的马，甚至当你把回头草吃得有成就时，别人还会佩服你：果然是一匹"好马"！

在面对残酷的现实时，饿死的"好马"就变成了"死马"，也就不是一匹"好马"了。

在生活中有很多这样的例子：

A君因故被炒鱿鱼，一个星期后，老板要他回去，他愤然拒绝："好马不吃回头草！"

B君被女朋友甩了，过了一段时间，女朋友回头向他认错，要求重归于好，B君无情地说："好马不吃回头草！"

"好马不吃回头草！"这句话不知使人们丧失了多少机会。绝大多数人在面临该不该回头时，往往意气用事，明知"回头草"又鲜又嫩，却怎么也不肯回头去吃，自以为这样才是有"志气"。其实，在面临选择回不回头的关头时，你要考虑的不是面子问题和志气问题，而是现实问题。

比如，你现在有没有"草"可吃？如果有，这些"草"能不能吃饱？如果不能吃饱，或目前无"草"可吃，那么未来会不会有"草"可吃？还有，这"回头草"本身的"草色"如何？值不值得去吃？

对于回头草，很多人都会面临"吃"与"不吃"的选择。如果草不好，不吃也就罢了，可如果是棵好草，是不是回头再吃呢？刘备是匹"好马"吗？是的。可是他依然会三顾茅庐，成为千古美谈。是"好马"就要敢于面对，敢于从头再来；是"好马"，必要的时候就要吃回头草，因为这个世界上好马很多而回头草很少。

6. 平常就是真道

人生的一切似乎都能令我们生起执着。比如在日常生活中，我们会执着地位、执着财富、执着事业、执着信仰、执着情感、执着家庭、执着生存的环境、执着拥有的知识、执着人际关系、执着自身的见解、执着技能所长等。由于执着的关系，我们对人生的一切都产生了强烈的占有、恋恋不舍的心态，执着给我们的人生带来了种种烦恼。

从前，有一位很有修为的居士。有一次，他到一所有名的禅院去拜访一位禅师。与禅师见面之后，他们的谈话非常投机，不知不觉已到了午饭时间，禅师便留居士用餐。

侍者为他们做了两碗面条。面条的味道很香，只不过一碗大一碗小。两人坐下后，禅师看了一眼面条，便将大碗推到居士面前，说："你吃这个大碗的。"

本来按照常理，居士应该谦让一下，将大碗再推回到禅师面前，表示恭敬。可是，没想到居士却看也不看禅师一眼，接过来便径自埋头大吃起来。禅师见状，双眉紧锁，很是不悦。而居士并没有察觉，依旧一个人吃得津津有味。

等他吃完，抬头看见禅师的碗筷丝毫未动，于是便笑问禅师："师父为什么不吃呢？"

禅师叹了一口气，一言不发。

居士又笑着说："师父生我的气啦？嫌我不懂礼貌，只顾自己狼吞虎咽。"

禅师没有答话，只是又叹了一口气。居士接着问道："请问禅师，我们推来让去，目的是什么？"

"让对方吃大碗。"禅师终于答话了。

"这就对了，让对方吃大碗是最终目的。那么如您所想，争着推来让去，什么时候能将面条吃下肚去？我将大碗面条吃了下去，您心中不高兴，难道您谦让的目的不是真心的吗？你吃是吃，我吃也是吃，既然这样，那推来让去又有什么意义呢？"

禅师听完居士的一番话，心中释然。

希波克拉底在治愈很多病人之后自己病死了；占星家预告了许多人的死亡，然后命运也把他们掳走；亚历山大在粉碎数十万计的骑兵步兵，把城市夷为平地之后，也告别人世：生老病死乃人生必经之路，你改变不了世界，世界也不会因为你的改变而让步；爱情不是追来的，友情不是吹来的，亲情不是想来的，与其千辛万苦地执着于心，不如顺其自然地来呼应。

"菩提萨埵，依般若波罗蜜多故，心无挂碍"：菩提萨埵是菩萨的全称。梵语菩萨在唐朝被译为"觉有情"，具有觉悟有情或令有情众生觉悟的意思。另外"觉有情"是相对有情说的。有情，以情爱为中心，世间的一切都想去占有、主宰，想使与自我有关的一切从属于我，要在我所（佛教语，与"我"相对的外物）的无限扩大中，实现所谓的自由，然而不知我所关涉的愈多，自我所受的牵制愈甚。觉者则不然，以般若观照人生，无我，无我所，超越了世间的名利，因而心无牵挂。

禅者隐居山林之中，面对青山绿水，一瓶一钵，了无牵挂，对于他们来说，生死都已不成问题了，还有什么值得他们去操心呢？

有一位很有名气的禅师挑水云水僧，他饱参饱学，曾在好几个丛林禅院住过，并在各地教过禅人。因此他所主持的禅院吸引了太多的僧信学徒，但这些学生往往半途而废，不能忍苦耐劳。这让挑水禅师不得不劝他们解散，让他们各奔前程，而他自己也辞去教席。从此以后，谁也没有发现挑水禅师的行踪。

三年后，挑水禅师曾经的一位弟子发现他在京都的一座桥下，与一些乞丐生活在一起，这位学生便立即恳求挑水禅师给他开示。

挑水禅师不客气地告诉他："你没有资格接受我的指导。"

"要怎样我才能有资格呢?"学生问道。

挑水禅师道："如果你能像我一样在桥下过上三五天的时间，我也许可以教你。"

于是，这名弟子扮成乞丐模样，与挑水禅师共度了一天乞丐的生活。第二天，乞丐群中死了一人，挑水禅师于午夜时分与这位弟子将尸体搬至山边埋了，之后仍然回到桥下他们的栖身之处。

挑水禅师倒身便睡，一直睡到天亮，但他这位学生却始终无法入眠。天明之后，挑水禅师对弟子说道："今天不必出去乞食了，昨天死了的那位同伙还剩一些食物在那儿。"然而这位门人看到那肮脏的碗盘，却是一口也吞咽不下去。

挑水禅师不客气地说道："我曾说你无法跟我学习，这里的天堂，你无法享受，你还是回到你的人间吧!请不要把我的住处告诉别人，因为在天堂净土的人，不希望有别人的打扰!"

圣严法师曾说:"出家可以修行,在家也可以修行,出家或在家,全着个人的愿力与因缘。"他认为,不管是出家还是在家里照顾家人,为满足自己的希望而努力,只要能心存善念,遵守佛家的基本戒律,都可以算作是修行。佛法是慈悲和平等的,出家修行是功德,在家修行也同样是功德。

弘一法师有一次生病。昙昕法师要帮他洗衣,他却一口回绝。昙昕法师劝他说:"这是不要紧的,你的身子不大好,我帮你洗好了。不过我是洗得不大干净的。"他依旧拒绝昙昕法师的帮忙,并对昙昕法师说:"我们洗衣一定要洗得干净才行。""用来洗衣的水可一连用四回。打一盆水先用来洗脸。洗过了脸的水,还可用来洗衣。洗了衣可用来擦地,最后那盆水还可以用来浇花。因此,一盆水可有四个用途。我们出家人一定要朴实,不可随意浪费。"

佛说:平常就是真道,真正的真理就在最平凡之间。真正的佛的境界,也是在最平凡的事情上表现出来的。相反,无论你有多么美好的目标,多么缜密的计划,如果你不实际行动起来,修行之门永远不会开启。

7. 美好的秘诀：不计较

生活中，一些人总将别人的缺点看得一清二楚，总为一些小事斤斤计较，从而严厉地批评指责别人。其实，宰相肚里能撑船，一个胸襟开阔的人，在与人相处时，是懂得随时体谅他人的。这种人不会对一些小事斤斤计较，还会适时地帮助别人。

为人处世不要用苛刻的标准去要求别人，不要过于计较那些小事。要尊重他人的自由权利，只有做一个肯理解、容纳他人的优点和缺点的人，才会受到他人的欢迎。而对人吹毛求疵，对任何事情都斤斤计较的人，不会有亲密的朋友，众人对他也只会敬而远之。

成功学大师卡耐基年轻的时候经历过这样一件事。一次，他参加了一个隆重的宴会，宴会中，坐在他右面的一位先生讲了一个幽默的故事，并引用了一段话，意思是说"谋事在人，成事在天"。

那位健谈的先生说他所引用的这句话出自《圣经》。其实这是错的，卡耐基很肯定地知道那段话不是出自《圣经》，而是出自莎士比亚的《哈姆雷特》。于是，卡耐基连忙站起来纠正了他。没想到那位先生立即予以回击，反唇相讥道："什么？出自莎士比亚？不可能，绝对不可能，那句话绝对出自《圣经》!"

卡耐基一时语塞，立刻想到了一个绝佳的求证者，那就是他的老朋友法兰克，他研读莎士比亚的作品已经很多年了。于是，他拉了一下朋友，想向他求证，可没想到法兰克不但没有起身，反而在桌下踢了他一脚。接着，法兰克一本正经地对卡耐基说："朋友，你错了，这位先生才是对的，这句话的确出自《圣经》。"

那天晚上结束宴会后，卡耐基拽住了法兰克说："法兰克，你明知道那句话是出自莎士比亚的……"

还没等卡耐基说完，法兰克就抢先说道："《哈姆雷特》第五幕第二场。可是亲爱的朋友，别忘了我们是宴会上的客人，为什么要证明他错了呢？你以为他会谦虚地接受吗？为什么不给他点面子呢？他并没有征询你的意见嘛，你应该要避免跟人家抬杠。"

从那时起，卡耐基明白了，自己险些因为一点小事的计较而破坏了宴会的气氛，得罪了一些重要人物，这是得不偿失的。他后来牢牢记住了法兰克对自己说的话"真正赢得优势、取得胜利的方法绝不是这种争论和计较，这样有时能获得优越感，但却永远得不到别人的好感!"

成功学大师卡耐基即使在多年以后，还会经常把这件事拿出来奉劝那些对真理太过执着，对事情太过较真的人。的确，许多人缺乏的并不是掌握真理的智慧，而是与他人谈论真理时的态度。当我们在犯这种错误时，最好在心中衡量一下：我们争的是一时之胜利，还是别人对自己的好感呢？

可是在生活中，能够像卡纳基这样凡事不计较的人少之又少。有些人总是把金钱、名利、权位这些物质的东西看得太重，凡事都喜欢计较，时刻算计着是你得到的比我多，还是我得到的比你少。这样斤斤计较的结果就是不仅和自己过不去，而且还和别人过不去，激化了矛盾，还弄僵了人与人之间的关系，失去了做人的乐趣。

雅雯和男朋友准备结婚了，于是决定买一套婚房。跑遍了城市的各大楼盘，终于选定了一套总价120万的现房。房价水平虽远高于两人的工资水平，但男友说了，他负责首付，雅雯负责装修和电器家具。男友的家庭条件还不错，家里给他留了一套二手房，不久前刚卖掉就是为了买婚房时付首付，那套房听说卖了60万。

选好了房回家，雅雯十分高兴，想着终于能跟相恋6年的男友拥有自己的房子了，这是做梦都盼望着的好事。

在办理房子手续的那一天，男友准点到达，身后还跟着他的爸爸妈妈，雅雯想着可能公婆担心他们办不好手续，前来帮忙的吧。于是雅雯满脸笑容地迎了上去，婆婆亲热地挽着雅雯的手，他们一起走向服务台。

办理手续时，工作人员问："房子写谁的名字啊？"

有说有笑的四口人突然间冷场下来，雅雯没说话是因为她早算准了房子要写两个人的名字，要不怎么是婚房呢？可男友却正为难地看着他爸妈。售楼大厅里陷入一阵尴尬的沉默……

男友将雅雯拉到一边，低声告诉一头雾水的雅雯，原来是男友父母希望房子只写雅雯男友一个人的名字。家里为了减轻雅雯和男友的还贷负担，老两口竭尽所能凑了整80万，因为首付太多，这也是老两口的全部家当了，所以希望能写男友的名字落个安心，以免将来出什么差错。

听男友这么一说，雅雯就明白了。可雅雯不明白的是，房子一到手，她就得出钱装修买电器买家具，也是一笔不小的开支呢！那这怎么算呢？而且，两人结婚了，房贷肯定是两人一起负担，虽说80万不少，可这余下的40万也不是个小数目呢。想到这里，雅雯有一种不被信任的感觉。

于是，当天房子的手续就没有办下来。后来雅雯父母在得知后也觉得非常生气，心想：我们把女儿都嫁给你们了，你们还这样计较，真是小心眼。双方为了这件事见了好几次面。雅雯父母提出：如果房子只写男友的名字，那么房子后期的装修和其他一切开销都由男方承担才对，而男友父母却觉得装修最多也就花个20万，比起自己掏的80万太少了，如果一定要写两个人的名字，那雅雯家也应该拿出80万来。

就这样在来回争执中，雅雯伤心欲绝，她和男友之间的沟通越来越少，说不上三句话，话题就转到了房子的问题上，他们吵架的次数越来越多。后来，两个人不堪重负，最后选择了分手。

一对相恋了6年的情侣最终因为房子问题分开了，这不能不说是个悲剧。问题的根源出在哪里？就是因为双方太过于计较了，都把金钱看得太重，这样斤斤计较的结果只能是亲手毁掉小两口的幸福生活，两人最终以分道扬镳告终。

是呀，凡事不要斤斤计较，留三分余地给别人，其实就是留三分余地给自己，生活不是单纯地取与舍，也不是单纯的得与失，很多时候，我们都太喜欢计较了。为了名，为了利，为了一时之气，白白让自己身心负累。其实，快乐生活的秘诀就是不计较。不斤斤计较，该是你的，就是你的；不是你的，依靠计较得到，最终也会失去。

第九章

物忌全胜，事忌全美，人忌全盛

完美只是一座可望不可即的宝塔，你可以在内心向往它、塑造它、赞美它，但你却不可能把它当做一种现实存在，否则只会使你陷入无法自拔的矛盾之中。

1. 跟不完美和解

在人生中，你绝对不可能让所有的人都满意，绝对不可能达到至善至美的境界。完美往往只会成为人生的负担。人绷紧了完美的琴弦，却可能发不出音来。

苏姗是一个性格内向、自尊心极强的人。从小学到大学，她的学习成绩一直名列前茅。工作以后，她非常认真努力，积极进取，时常加班加点地工作，希望给领导、同事留下好印象。大家也都认可她的勤奋。可是每次完成任务后，她总觉得自己有很多不完善的地方：或是细节上的疏漏，或是考虑上的不周。这些"过节"像电影中的镜头一样在她的脑海中一遍遍掠过，让她深深地自责。她害怕时间长了以后，大家发现她的工作做得并不完美，越是这样，她越发紧张。再接到工作以后，她就尽量做得再完美一点，有时甚至忙到半夜，可总是达不到自己的要求，为此她整天焦虑不安。

不容忍美丽的事物有缺憾，追求完美，这是人们的美好愿望。但是，生活毕竟是生活，它永远都存在缺陷和遗憾。你越苛求完美，越会觉得生活不完美，于是许多苦恼和愁闷也接踵而来。

美国作家库辛曾写过一篇名为《你不必完美》的文章，文章中写了这样一个故事：

他因为在孩子面前犯下了一个错误，感到非常内疚。但他害怕自己在孩子们心目中美好的形象被毁，怕孩子们不再爱戴他，所以他不愿主动认错，在内心的煎熬下，他艰难地过着每一天。终于有一天，他忍不住主动向孩子们道了歉，承认了自己的过错，他惊喜地发现，孩子们比以前更爱戴他了。他由此发出惊叹：人犯错是在所难免的，只要勇于改正错误就是一个可爱的人，没有人期待你是圣人。

金无足赤，人无完人。没有一个人是完美无瑕的，有缺点和不足，不一定令默默无闻，也不一定会被人否定，只要把你"缺陷、不足"这块堵在心口上的石头放下来，别过分地去关注它，它就不会成为你的障碍。

为了他人，更为了自己，摆脱完美主义很需要！下面是摆脱完美主义"枷锁"的一系列方法，试着去做，你的人生从此改观。

（1）要想战胜完美主义，第一步最好从动机开始着手，你必须要有坚持运用此方法的动机。请列出追求完美的好处和坏处，也许你会惊奇地发现，这样对你的确没什么好处。只要你能明白追求完美实际上弊大于利，你就会更坚决地放弃它。

（2）写完列表后，你可以看看追求完美的好处和坏处。此时，你也许想做一些试验，以验证一下这些好处是否有效。

和许多人一样，你可能会想："如果不追求完美，我还是个人吗？我又怎么能把事情做好？"要想知道真相的话，你可以做个试验。将自己在各种情况下的标准分为3个级别——高标准、中等标准和低标准，然后你可以试着降低标准，看看自己的表现是否真的会随之降低。

其结果可能会让你大吃一惊。你会惊喜地发现，降低标准后，你不仅会更欣赏自己的表现，而且你的发挥还会更出色。

（3）如果你是一位有强迫症的完美主义者，你可能会认为，如果不追求完美，你就无法充分地享受生活，也找不到真正的快乐。

要验证这种想法，你可以使用"反完美主义表"。你可以计划许多活动，例如刷牙、吃苹果、林中漫步、修整草坪、晒太阳、写工作报告等等，然后记录下你从这些活动中实际获得的满意程度。现在估计一下自己完成每项活动的完美程度，用0～100%之间的数字表示；同时还要用0～100%之间的数字记录每项活动的满意程度。这样做可以帮助你打破"完美"和"满意"之间的错误联系。

（4）假设你已经决定放弃完美主义的想法，虽然这只是尝试一下，但总可以看到结果。尽管如此，你还是顽固地认为，如果能付出百分之百的努力，就至少可以在某些方面臻于完美；能做到这一点的话，也许会发生奇迹。让我们来看看这一目标是否现实吧。完美主义真的符合现实吗？你有没有亲眼见过完美至极、毫无瑕疵的东西？

（5）学会战胜恐惧。你可能没有意识到，在完美主义的背后始终都有恐惧的影子。恐惧会强迫你精雕细琢以求完美。如果你选择放弃完美，一开始的时候你可能会有这种恐惧。你愿意放弃吗？不管怎么说，恐惧还算是完美主义带来的一点好处——它可以保护你，可能还会让你不会失败，不至于被别人批评指责。如果你打算降低行事标准，开始时你可能会心惊胆战，好像天要塌下来似的。

有一种方法可以帮助你应对这种恐惧并战胜它，这就是"反应阻止法"。它的基本原则简单明了。你需要反抗这种追求完美的习惯，绝不能屈服，但可以想那些让你焦虑害怕的问题。不管你有多么紧张，都一定要坚持，绝不能屈服。你的心会悬在半空中，最后紧张到了极点。这一阶段最长也许需要几个小时，最短可能只需10～15分钟而已。等这段时间过去后，强迫性冲动将会开始减弱，最后完全消失。你赢了！你战胜了这种强迫性的恶习。

（6）承担生活责任，你需要给所有的活动设置严格的时间限制，只需一个星期即可。这样可以帮助你改变心态，使你能够投入多姿多彩的生活并学会享受。

（7）如果你是个完美主义者，你很可能会有拖延症，因为你总坚持尽善尽美。快乐的秘诀在于设置简单可行的目标。如果你想自讨苦吃，那就想方设法坚持你的完美主义和拖拉态度吧。如果你想改变的话，那就应该在每天早上安排当天的活动，给每项活动都规定一个时限。等时间一到，不管事情有没有做完都要放下，立刻开始做下一项工作。假设你练钢琴，有时可以弹几个小时，但有时一分钟也弹不了，那你应该规定每天只弹一个小时。

（8）你肯定很怕犯错！犯错有什么好怕的？犯错了天会塌下来吗？告诉我，谁犯错了就活不了？一个人如果不敢冒险，他就永远都长不大。要想战胜完美主义，最有效的方法莫过于学会犯错。

（9）如果你有完美强迫症，你肯定会总盯着自己的短处。你老是盯着自己还没做的事，从而忽略了你已经做的事。你穷其一生都在数落自己的错处和过失，怪不得你会自卑！有人强迫你这样做吗？你是不是很喜欢这种感觉呢？

有一种简单的方法可以将这种可笑又可恶的习惯扭转过来。你可以使用高尔夫计数器，每天只要做了一件正确的事，就按一下计数器。你可以看看累计的总数。这似乎太过简单了，你简直没法相信它会起作用。如果不相信的话，你可以先用两个星期试试看。

（10）学会吐露心声。如果你在某种情况下会感到紧张自卑，那么就找个人说说吧。不要掩盖事实，你应该告诉别人，你觉得自己在哪方面觉得无能为力，你可以向对方请教如何才能提高。如果他们因为你有缺点而排斥你，那就随他们好了，只是不要放在心上。如果你不知道该怎么办，则可以问问他们——会不会因为你犯错了就看轻你。如果能这样做的话，以后如果你有不足之处让别人看轻时，你就会知道该怎么处理了。

（11）另一个战胜完美主义的方法是"贪婪法"。这种方法基于一种原理——我们大多数人之所以苛求完美，是为了比别人强。可你有没有想过？如果你降低标准，你可能会更成功。

你如何才能运用这种方法呢？假设你在做一项任务，但进展却很缓慢。你觉得你的效率几乎越来越低了，这时你最好转头做下一项任务。

2. 把瑕疵当作一种另类的幸福

完美主义者总是十分高要求地对待每一件事。从某种角度上说，这是令事情做得更加出色的动力；但另一方面，却也是危险的信号。不懂得回味美好和痛苦的并存，人就像一个幻想主义者，永远只能被自己所束缚，无法体会生活的惊喜。

在一次古董拍卖会上，一件稀世珍宝被一位收藏家以极高的价格拍下。收藏家身边的朋友说："唉，可惜了，这件古董有一丝裂痕，否则就更加完美了！"而收藏家却说："这个世界上有什么是绝对完美的？我喜欢这个古董，也喜欢这丝裂痕。每个瑕疵就代表着一段故事，有故事的古董才具有收藏价值。"

从经济角度上说，这丝细微的裂痕的确让古董大打折扣。但一个真正的收藏家，却并不是因为利益而去珍藏，他们更想要的是那份历史沧桑感。生活其实也一样，每个人都想珍藏一段完美无缺的美好记忆。可真正懂得生活的人才明白，只有倍觉遗憾的缺失才能永远被人深深地记住。

　　拥有世上十全十美的东西大多只是人们的愿望，实际生活中总有些不如意的情况伴随而来。但瑕疵永远只能是瑕疵，它不可能彻底取代美好。其实这仅仅是一种心态问题，如果你因为一件事略带遗憾，便感到惋惜，这本身无可厚非；但不去享受成功的喜悦，却一味地纠结于瑕疵懊恼不已，那么便是自讨苦吃了。这无异于将缺点无限地放大，而令自己痛苦不堪。就像这名收藏家，如果他也像朋友一样执着于完美，可历史永远都不可能重来一次，更不能阻止裂痕的产生，这样，又怎么体会收藏的乐趣呢？

　　彼得是美国职业橄榄球球员，他曾经效力过许多球队，并且每次都能神奇地带领球队取得傲人的成绩。在他退役的晚宴上，一位记者问道："彼得先生，在你的职业生涯中曾经取得多次辉煌的战绩，但有没有什么令你感到遗憾的？"

　　彼得谈笑风生地说："当然有，我又不是上帝。"

　　记者饶有兴致地问道："那你是否为此而自责呢？"

　　彼得知道这位记者实际上是有备而来，因为很多人都知道他当年在洛杉矶球队服役时，曾经在关键时刻的失误而使球队与联赛冠军失之交臂。虽然这件事过去了很久，但每次谈及时都会被球迷津津乐道。彼得却十分大度地说："你想说的是我在洛杉矶球队的那个赛季的事吗？虽然每次被问及此事时我都刻意回避，那是因为经纪人考虑到我的形象而为我设计的策略。但现在我退役了，说说也无妨。其实在当时我的确有些自责，但这件事对我的影响并没有大家猜想的那么严重。虽然这是第一次重大失误，可哪个运动员的一生又是完美无缺的呢？如果有一天我得了老年痴呆症，那么我想唯一记得的便是那次特殊的经历。因为这样我的人生才真正完美了。"

记者又问："你是说你把这次失误当成一次美好的回忆吗？"

彼得想了想说："也不能算是美好的回忆吧，毕竟这事让我懊恼了好一阵子。但却是最难忘的记忆。"沉默片刻，彼得又补充道："现在每次回忆起来，我非但不会懊恼，反而认为这是丰富我人生的一剂添加剂！"

追求完美是一个人对生活态度的极致要求，也是成功欲的极致体现。我们渴望成功，渴望成功带来的满足感是人与生俱来的品质。但任何事情都有度的衡量，一味地追求完美，追求胜利的步伐，便很容易忘记胜利真正的含义。我们所做的一切，说白了无非是让自己体会快乐、充实和满足感。成功也好，完美也罢，都逃不出幸福感的圈子。

当我们因为一次过错而令事情产生瑕疵时，需要提醒自己：瑕疵也是一种美。我们可以为自己总结，让下一次不再出现同样的错误。但不应该为此而感到万分纠结，以至于沉迷其中不可自拔。与其痛苦地为追求完美的欲望所牵累，不如改变墨守成规的想法，接受瑕疵的存在。把瑕疵当作一种另类的幸福体验，生活不是更加美好吗？

3. 不完美正是自己的独特之处

欣赏自己，不是鄙视别人、狂妄自大，而是源于对自己生命的珍视和热爱；欣赏自己，不是让自己成为"井底之蛙"，而是让自己抛弃浮躁后更成熟地走向远方。

孔雀来到天后赫拉的面前，它抱怨自己的嗓音沙哑难听："您看，夜莺的歌声总是可以深深地打动人心，得到众人的喜爱。可是我一开口，群鸟就会嘲笑我，这太不公平了！"

天后赫拉听到孔雀的这一番话后，安慰它说："你的嗓音不好，但你的身姿与容貌却是出类拔萃的，别忘了你在开屏的时候羽毛有多么华丽富贵、多么光彩照人，人们也把孔雀开屏称为一大美景呢！"

孔雀依然不满意："既然我的歌声不如他人，这种无言的美丽对我而言又有什么用呢？"

赫拉有点儿不高兴了，它斥责孔雀："每个人都有自己的命运，这是命运之神安排的。她安排了你的美丽，夜莺的歌唱，也安排了老鹰的力量和乌鸦的凶兆。所有的鸟类都应当对神赋予它们的东西感到满意。"

面对天后的斥责，孔雀止住了自己的抱怨。

世界上的任何事物都不可能十全十美，任何人都有着专属于自己的精彩。孔雀的美丽是令人艳羡的，而它却不停地抱怨自己没有美丽的歌喉，忽略了自己拥有的东西。现实生活中，很多人也在重复着孔雀的抱怨。

一个人如果想获得真正的成功和自由，就必须植根于自己的独特个性。忽视自己的个性或故意抹杀自己的个性，终将一事无成。因此，千万不要亦步亦趋地效仿别人，掩饰自己、舍弃自己。在前进的道路上，无论发生了什么事情或者将要发生什么，请记住一点：我们从来不会失去自己作为一个人的价值，没有什么能够拿走它。

懂得欣赏自己是一个人奋发向上、继续努力的无穷动力。人常说：求人不如求己。因此，最简单的让自己快乐起来的方法就是学会自我欣赏，适当地自我宽容、自我鼓励，从点点滴滴的自我完善中获得快乐。欣赏自己的人是自信的人，欣赏自己的人总是带着同样欣赏的目光去欣赏别人，只是欣赏，而不是崇拜或者羡慕。于是，很容易使别人的优点变成自己的优点。欣赏自己的人也是更会学习的人。美国著名的音乐家麦克约瑟说："你与自己的心交流，要赞美它，让它感到你对它的赏识，那时候它才向你释放灵感。"是的，我们只有欣赏自己，才能充分发挥自己的潜能。与其站在那里眺望别人的背影，不如坐下来静静地想一想自己走过的每一个坚实的脚印，只要努力寻找，就会发现自己的生活中亦有许多值得骄傲的地方。

世界上伟大的推销员乔·吉拉德在衣服上通常都会佩戴

一个金色的"1"字。有人曾经问他："因为你是世界上最伟大的推销员吗？"他回答说："不是的。我是我生命中最伟大的！"

乔·吉拉德一直认为，这个世界上没有人会比自身更伟大，自己就是自己最大的财富，自己的声音与气息都是与众不同的。其实，他的这种自我肯定的坚定信念来源于他的生活经历。

在乔·吉拉德35岁的时候，他还是一个彻头彻尾的穷光蛋，他甚至连自己的妻子与孩子的生活问题都很难解决。但是，一次偶然参加的演讲会却改变了他的命运。

在演讲会上，一个演讲者拿出一张崭新的10美元钞票，向坐在前排的乔·吉拉德问道："你想得到这10美元吗？"乔·吉拉德当即就举起了手臂说："想要！"

演讲者又说："我会将这10美元给你的。但是在给你之前我一定要将它弄一下。"说着，演讲者就把那张钞票揉皱了，接着问乔·吉拉德："你还想要吗？"

乔·吉拉德又一次高举起了手臂，并坚定地说道："要！"

"好吧，"演讲者继续道，"我要是这样弄它呢？"当演讲者将那张钞票丢在地上，用脚使劲地踩过后，将它再次捡起来，它已经变得又皱又脏了。

"现在你还要吗？"演讲者又问他。乔·吉拉德仍然坚定地举起了自己的手臂，大声地说："要！"

"好啦，不管我如何虐待这张钞票，你仍然还想要。因为你也知道它虽然表面上看上去很惨，但是它的价值却没有减损，它依然还是10美元！"演讲者对他说。

乔·吉拉德当即就明白了，充分认识到了"自己"这个最大的宝库。从此开始，他就不停地向成功靠近，最终成为"世界上最伟大的推销员"。

学会欣赏自己、包容自己，就是要学会欣赏自己的开朗自信、欣赏自己的聪慧大方、欣赏自己的平凡普通、欣赏自己的独一无二。生活中，或许有不少人会值得自己欣赏，但是最应该欣赏的还是自己。

的确，每个人都是独一无二的。这个独特的"自己"既有优点，也有不足。一个人只有充分地自我接纳，懂得欣赏自己、包容自己，才能自信地与人交往、出色地发挥自己的才能和潜力。假如一个人不懂得欣赏自己、包容自己，总是以怀疑的、否定的态度看待自己，就有可能限制甚至扼杀自己的创造力。事实上，在我们的身边因为自卑自怜、自暴自弃等各种心理原因而造成的悲剧事例已经太多，不但给家人造成痛苦，而且给社会造成损失。当然，就更别说怎样赢得别人的欣赏和肯定了。

欣赏自己并不是傲视一切的孤芳自赏，也不是唯我独尊的狂妄不羁。因为它不需要大动干戈的气势，也不需要改头换面，它只属于一种醒悟，一种面对困难时的自信、一种推动自己向挫折挑战的动力。

学会欣赏自己，就是在无人为我们鼓掌的时候，给自己一个鼓励；在无人为我们拭泪的时候，给自己一些安慰；在我们自惭形秽的时候，给自己一片空间、一份自信。然后抖落昨日的疲惫与无奈，抚去昨日的伤痛和泪水，去迎接明天崭新的朝阳……只有学会自我欣赏、自我品评，学会在无人喝彩时能照样前行，而且行得更好，才能肯定自己、相信自己、欣赏自己，让自己体会到属于自己的那份幸福。

学会欣赏自己，你会发现生活是如此美好；欣赏自己，你会感受到命运的公正无私；欣赏自己，你会体味前进中的幸福快乐；欣赏自己，你会把握好自己的人生；欣赏自己，你定会抵达成功的彼岸。

4. 不要拿别人的标准来衡量自己

每个人都是不同的，这注定每个人的人生都将是千差万别的。可是总是有些人，习惯拿别人的标准来衡量自己，看见别人某方面比自己强，就心理不平衡，就嫉妒，进而对自己提出各种苛刻的要求。

当然，我们并不会拿任何人的观点来衡量自己，这些人一定要与自己有一定的联系。比如，你的举重比不上保罗·安德森，掷铅球比不上白利·欧布莱恩，跳舞比不上亚瑟·毛瑞。很显然，这都是事实。但是你大概不会因此产生嫉妒，因为他们和你很遥远，扯不上什么关系。不过，如果你和他们是同行，那就另当别论了。

如果是睡在你上铺的和你成绩差不多的兄弟顺利考取了研究生，而你却落榜了；或者小时候与你一起玩耍的哥们儿这几年做生意发了财，而你还在拿着不痛不痒的死工资熬日子……这些事情恐怕就很难让你心平气和了吧，也许你会为了争一口气而再次加入考研大军，也许你会为了像你的小时玩伴一样风光地买车买房，也去下海经商。

你大概很少去考虑，考研到底是不是自己现在的最佳选择，下海经商是不是你所擅长和喜欢的，你只是在拿别人的衡量标准来衡量自己。如果你的尝试成功了倒也还好，一旦失败了，就会严重挫伤你的积极性，甚至让你变得怨天尤人。

老张早在还是小张的时候，就在县机关里上班。那时，他和他的一位同学都是从机关的基层干起，可是没过几年，人家就被调到市里去了，后来又一路顺风地到了省里，官是越做越大，人也越来越意气风发。

可是老张呢，他的运气就不那么好了，他在那个位子上一待就是20年，从年纪轻轻眼看熬到了斑斑白发，却还只是个小公务员。他想起和自己同时毕业的那位同学如今已经是省里的领导了，心里就嫉妒得发狂，自己哪方面比他差？想当初在学校的时候，自己门门功课都比他好。再想想二人今日的天壤之别，老张就极为憋气，心里就像猫抓一样难受。

有一天下班，他心情不好就去了一家餐馆，一个人在那里喝闷酒。因为人多，有人就坐在了他的对面，看他闷闷不乐，就搭讪问他："看您心情不好，为啥事发愁呢？"

老张一仰头把一杯酒喝了个底朝天，叹了一口气说："你不知道，我这辈子真够倒霉的，我在机关里熬了20年了，如今还在原地踏步。"边说边给自己的酒杯倒满酒，"可是和我一起毕业的同学早就爬到省机关了，你说我怎么这么命苦呢？他有什么能耐？他凭什么就受重用？不就是嘴巴甜一点吗？"

看着并不比自己优秀的同学到了省里工作，自己却没有丝毫的进步，这使得老张产生了严重的心理不平衡。如果没有他的同学作为参照物，即便不能升官，他也许并不至于如此斤斤计较，心情也不至于如此低落。

拿别人的标准来衡量自己，盲目地改变自己，要求自己，并不能让自己像别人一样成功，却多半落得一个东施效颦般的结局。

麦克斯·威尔医师在罗斯福执政期间，曾负责给总统夫人的一位朋友做一个手术。

事后，罗斯福夫人邀请他到白宫去。他在那里过了一夜，据说隔壁就是林肯总统曾经睡过的房间，他为此感到无比荣幸。

那天晚上，他想着隔壁就是总统睡过的房间，根本没有睡意，他开始用白宫的文具和纸张写信给母亲、朋友……

他在心里对自己说："麦克斯，你真的来到白宫了，这是多少人梦寐以求的事情啊！"

第二天一早起来，他下楼用早餐，总统夫人已经等在那里了。他吃着盘中的炒蛋，心里想着回去以后该如何向自己的家人和朋友描述这个美好的场景。

但是，问题出现了，因为仆人又送来了一托盘的鲑鱼。而他什么都吃，就是从不吃鲑鱼，因而他畏惧地对着那些鲑鱼发呆。

罗斯福夫人向麦克斯微笑，指着总统先生说："他很喜欢吃鲑鱼。"

麦克斯考虑了一下，心想："我是什么人？怎么能怕鲑鱼？总统都觉得好吃，我就不能觉得很好吃吗？"

于是，他切着鲑鱼，并混着炒蛋一起吃下去。结果，他从下午开始就浑身不舒服，一直到晚上仍然非常想呕吐。

后来，麦克斯一直思索，这件事有什么意义呢？他在著作《心灵的慧剑》中写下了自己的感想："很简单，其实我一点也不想吃鲑鱼，而且根本也不必吃，但是我为了附和总统而背叛了自己。虽然这是件小事，很快就过去了，可是换个角度想，这不正是许多人为了成功最常碰到的陷阱之一吗？"

每个人都是独一无二的，不要企图向别人看齐，更不要拿别人的标准来要求自己，那只会适得其反。

玛丽·玛格丽特·麦克布蕾刚刚进入广播界的时候，想做一个爱尔兰喜剧演员，结果失败了。后来她发挥了她的本色，做一个从密苏里州来的、很平凡的乡下女孩子，结果成为纽约最受欢迎的广播明星。

金·奥特雷刚出道之时，想要改掉他得克萨斯的乡音，为了使自己像个城里的绅士，便自称为纽约人，结果大家都在背后耻笑他。后来，他开始弹奏五弦琴，唱他的西部歌曲，开始了他那了不起的演艺生涯，成为在全世界电影界和广播界都最有名的西部歌星之一。

卓别林开始拍电影的时候，那些电影导演都坚持要卓别林学当时非常有名的一个德国喜剧演员，可是卓别林直到创造出一套自己的表演方法之后，才开始成名。

上天并没有创造一个标准人，每个人都是独一无二的。你要敢于保持自己的本色，不必执着于同别人比高低。你只需按自己的样子生活，去寻找属于你自己的成功标准。

5. 做自己擅长的事

在实际生活中，很多人有过这样一个困惑：同样一件事，为什么别人做得顺风顺水、洒脱自如，自己却力不从心，甚至步履艰难？在你为此感到失意之时，请先问问自己是否在做自己能做的事？

每个人在做事的时候都会有自己的极限，即最大的承受能力。人生不是因为人做了什么大事，而是做了自己能做的事而辉煌。如能做到这样成功便不再复杂、人生便不再纠结。这正印证了一句话——"英雄就是做他能做的事"。

有一位登山运动员，他曾经有幸参加了攀登珠穆朗玛峰的活动。珠穆朗玛峰的最高海拔为8844.43米，当爬到海拔6400米的高度时，他的身体出现了严重的不适，不得不停下来，返回了基地。

事后，有人为他而惋惜：为什么不再坚持下去，再攀登一点高度，就可以越过6500米的登山死亡线了。他回答得很干脆："不，我自己最清楚，6400米的高度，是我登山能够攀登到的最高处，我一点都不感到遗憾。"

对于这位登山运动员来说，6400米就是他登山的最大承受能力，就是他攀登生涯中最高的高度。他懂得保存自己的实力，淡然自若地只做自己能做的事。谁又能说，他不是一位真正的英雄呢？

当我们在成功路上屡屡摔跤，对某件事情力不从心、倍感失意的时候，我们不应该悲观失望、自暴自弃，而是应该静心沉思，我们是不是为了成功而挑战了自己的极限，做了自己力不能及的事情？

要知道，"自然界里的喷泉高度不会超过它的源头"，挑战自己的极限，只会得到英雄主义般的"悲壮"，只会在成功路上屡屡摔跤，自信心就会渐渐泯灭，就会在永久的卑微和失意中沉沦。

很久以前，动物们决定创办一所学校以应付日益变化的世界环境。在这所学校里，老师教授由跑、跳、爬、游泳、飞行等科目组成的活动课程。为了便于管理，动物们要学习所有的科目。

第一批学员有鸭子、兔子、松鼠、鹰以及泥鳅。

鸭子在游泳这门课上表现相当突出，甚至比他的老师还要好，可对于飞行这门课，只能勉强及格，而对跑这门课感到非常吃力。由于跑得慢，他不得不每天放学后仍留在学校里，放弃心爱的游泳以腾出时间练习跑步，他不停地练呀练呀，脚掌都磨破了，到期末考试时终于获得了勉强及格的成绩。而他的游泳科目，由于长期得不到练习，期末时只获得了中等成绩。学校对中等成绩是能够接受的，所以除了鸭子自己以外没有人在乎这一点。

兔子在刚开学时是班级里跑得最快的，由于在游泳科目中有太多的作业要做，他不得不整天泡在水里，结果游得精神都快崩溃了。

松鼠的成绩一向是班级里最出色的，但对飞行科目感到非常沮丧，因为他的老师只许他从地面上起飞，而不允许从树顶上起飞。由于他非常喜欢跳跃，并花了很多时间致力于发明一种跳跃的游戏，结果期末考试时爬行科目只得了个及格，跑得了个良。

鹰由于活泼好动一开始就受到老师们的严格管制，在爬行课上的一次测验中，他战胜了所有的同学，第一个到达了树的顶端，但他用的是自己的方式而不是老师所做的那种方式。因此他并没有得到老师的表扬。

学期结束时公布成绩，普普通通的泥鳅同学，由于游泳还马马虎虎，跑、跳、爬成绩一般，也能飞一点，因此他的成绩是班里最高的。毕业典礼那天，他作为全体学员的唯一代表在大会上发了言。

这就是美国教育家里维斯博士所写的寓言故事《动物学校》。看到鸭子学跑步、兔子学游泳、松鼠练飞翔……你是不是觉得很滑稽？会哑然一笑。但是，你想过吗，你可能就是它们其中的一员。

比如，或许你是一个技术型的员工，不懂管理，但你却忽略了自身的优势，一心向往行政职务上的升迁，那么即使你在这方面再努力，进步也是非常慢的，很难得到公司的提拔。即使你真的有幸被提拔为管理人员，你的能力也很难适应新岗位，做不出理想的业绩，迟早会退下来。

由此可见，静下心来检视自己、承认自己的能力和局限，你能知道自己真正能够做成的事情；之后加以实行，量力而为，让自己有限的生命发出适度的光和热，你就能从自我否定的状态中获得解放。

有一个小男孩很喜欢柔道，一位著名的柔道大师答应收他为徒。然而，还没有来得及开始学习，小男孩就在一次车祸中失去了左臂。那位柔道大师找到小男孩，说："只要你想学，我依然会收你做徒弟的。"于是，小男孩在伤好后，就开始学习柔道。

小男孩知道自己的条件不如别人，因此学得格外认真。3个月过去了，师傅只教了他一招儿，小男孩感到很纳闷，但他相信师傅这样做一定有自己的道理。又过了3个月，师傅反反复复教的还是这一招儿，小男孩终于忍不住了，他问师傅："我是不是该学学别的招术？"师傅回答说："你只要把这一招儿真正学好就够了。"

又过了3个月，师傅带小男孩去参加全国柔道大赛。当裁判宣布小男孩是本次大赛的冠军时，他自己都觉得不可思议。只有一只手臂的他，第一次参赛就以唯一的一招儿打败了所有的对手。回家的路上，小男孩疑惑地问师傅："我怎么会以这仅有的一招儿得了冠军呢？"师傅答道："有两个原因：第一，你学会的这一招儿是柔道中最难的一招儿；第二，对付这一招儿的唯一办法是抓你的左臂。"

只要找到突破口，所有人都是可用之材。而对于每个人来说，自己的缺陷在某种情形下正是自身的优势所在，而这种优势是独一无二的，别人无法模仿的。

著名词作家乔羽先生在1955年以前，创作过各类文学体裁的作品，但就是没有什么真正意义上的成名作。1955年他被邀为电影《祖国的花朵》创作了歌词《让我们荡起双桨》，使他一举成名，从那以后，有很多电影导演请他来写歌词。他也开始意识到歌词创作是他独特的优势，他决定不再写其他文学，专攻歌词创作这一项，后来他成为国内从事歌词创作的著名作家。这些年以来他创作了很多优秀作品，如《我的祖国》《难忘今宵》等，总计1000余首，数量之多、质量之高，达到前无古人的地步。显然，在歌词创作领域，乔羽先生凭借自己的独一无二的优势取得了成功。

歌德曾经这么说过："每个人都有与生俱来的天分，当这些天分得到充分发挥的时候，自然能够为他带来极致的快乐。"如果你也希望不断体验到这份快乐，那么，就要从自己的长处着眼，抓住机会充分发挥这份优势。如果你丢开自己的天赋和优势，在不擅长的领域里寻求发展，你很快就会发现，自己就像在泥潭里挣扎一样，无论做什么，都难逃失败的命运。

面对失败，你也许会说"我实在是太平凡了，根本没有什么特殊才能"——千万不要这么认为。每个人都有自己擅长的领域以及脱颖而出的能力，而你之所以有这种想法，关键是因为你不知道自己的特长在哪儿。你在了解了自己的特长并懂得发挥之道以后，相信你很快就会绽放出最亮丽的光芒，成就辉煌的人生。

我们往往更关注自己的劣势在哪里，却忽视了优势；我们经常沉溺于对自我的责备中，却很少积极地认同自己；我们更乐于取长补短，却很少灵活地扬长避短。因此，我们的悲哀不在于缺乏才能，而在于没有发现才能。

6. 生活是不公平的，你要去适应它

比尔·盖茨说："生活是不公平的，你要去适应它。"的确，几乎是从我们出生的那一刻起，不公平就显现了出来，有些孩子降生在宾馆一样的病房里，一些孩子则降生在自家黑糊糊的炕头上。到了上学的年龄，一些孩子穿着新衣，背着新书包踏进了美丽的校园，而一些孩子却只能眼睁睁看着别人背着书包暗自伤神。该工作了，一些孩子凭学历、靠关系进了著名的企业，一些孩子没有学历、没有关系，只能以体力劳动来维持生活……

当然，大多数人没有前者那么优越，也没有后者那么凄惨，而是处在一个中间的水平，但是仍然能处处感觉到不公，自己的父母为什么是偏远地区的农民而不是城市里的知识分子？为什么自己大学毕业的时候偏偏赶上国家不再分配工作？为什么到了自己该成家立业的时候房价较几年前翻了数倍？为什么自己拼命工作，而老板却把晋升的职位给了一个亲戚？

生活中不公平的事情实在是太多了，很多人为此仇视不公平，背地里唉声叹气，指责抱怨，这或许能解一时之气，但不能改变实质，比尔·盖茨说的方法是"你要去适应它"，你是否曾考虑过如何适应这样的不公？

他出生在爱尔兰的一个贫困家庭。七岁的时候，他的父亲忍受不了贫穷，抛弃了他和母亲，而他的母亲没过多久也另结新欢。他只能靠自己养活自己。尽管生活艰辛，连温饱都成问题，但他心里却还盼望着有一天能进学校学习。

他卖了半年报纸，做了一年的鞋匠，赚了一笔钱后，正式进入一所中学就读。此后，一边学习一边打工，生活的磨砺使他开始过早地成熟，有了一种少年老成的气质。十八九岁时，他进入了一家戏剧学校学习表演，然后他参加了一些电视剧的拍摄，但始终都是担任一些不引人注目的小角色，迟迟没有成名的机会。

在妻子的劝说下，他来到了美国加利福尼亚州寻找机会。他的运气很好，被一名导演相中，让他演《斯蒂尔传奇》中的主角斯蒂尔。他成熟的演技和潇洒的风度令大批观众为之倾倒，一时之间，他成了加利福尼亚州家喻户晓的人物。

那年他31岁，他就是后来的国际巨星皮尔斯·布鲁斯南。

一个人没有好的家境和出身，并不意味着一辈子都要被禁锢在贫穷的小圈子里。自暴自弃、怨天尤人，那都是幼稚可笑的行为，因为残酷的现实不会因为我们的悲观和抱怨主动改变，唯有直面生活，接纳生活赋予我们的不完美，努力地适应，才能够让自己的未来更美好。

1899年7月21日，欧内斯特·海明威出生在世界五大湖之一的密歇根湖南岸，一个叫橡树园的小镇。

家里一共有六个孩子，海明威是第二个。母亲很有修养，热爱音乐。父亲是一位杰出的医生，又是个钓鱼和打猎的能手。海明威3岁时，父亲给他的生日礼物是一根渔竿儿；10岁时，父亲送给他一支一人高的猎枪。父亲的影响使海明威终生充满了对捕鱼和狩猎的热爱。

14岁时海明威在父亲的支持下报名学习拳击。第一次训练，他的对手是个职业拳击家，海明威被打得满脸鲜血，躺倒在地。

可是第二天，海明威还是裹着纱布来了，并且纵身跳上了拳击场。20个月之后，海明威在一次训练中被击中头部，伤了左眼。这只眼的视力再也没有恢复。

毕业以后，海明威不愿意上大学，渴望赴欧参战。因为视力的缘故未被批准。他离家来到堪萨斯城，在堪萨斯州《星报》做了见习记者。

在这里他学到了最初的技巧。《星报》对于文字有110条不得违反的规定，"要用短句""用活的语言""用动词，删去形容词""能用一个字表达的不用两个字"，等等。海明威专心致志，很快掌握了写作的技巧，并形成了自己的文字风格。

1918年5月，海明威如愿以偿，加入了美国红十字战地服务队，来到第一次世界大战意大利战场。

7月初的一天夜里，海明威的头部、胸部、上肢、下肢都被炸成重伤，人们把他送进野战医院。海明威的一个膝盖被打碎了，身上中的炮弹片和机枪弹头多达230余块。

他一共做了13次手术，换上了一块白金做的膝盖骨。但仍有些弹片没有取出来，到死都留在体内。

他在医院里躺了3个多月，接受了意大利政府颁发的十字军功勋章和勇敢勋章，这时他刚满19岁。

大战后海明威回到美国，战争除了给他的精神和身体带来痛苦外，没有带来任何值得高兴的事。旧的希望破灭了，新的又没有建立，前途渺茫，思想空虚。

尽管这样，海明威依旧勤奋写作。1919年夏秋，他写了12个短篇，寄给报社被全部退回。

母亲警告他：要么找一个固定的工作，要么搬出去。海明威从家里搬了出去，因为什么也改变不了他献身于文学事业的决心。他只想做第一流的、最出色的作家。

1920年的整个冬天，他独自坐在打字机前，一天到晚写作。有一次参加朋友们的聚会，海明威结识了一位叫哈德莉的红发女郎。她比海明威大8岁，成了海明威的第一个妻子。这时海明威22岁。

1922年冬天，他赴洛桑参加和平会议时，哈德莉在火车站把他的手提箱丢失了。手提箱里装着他的全部手稿，一个长篇、18个短篇和30首诗。这使海明威痛苦万分又毫无办法，只能重新开始。

1923年，海明威的第一部著作《三个短篇和十首诗》在法国的一个非正式出版社出版。总共只印了300册，在社会上毫无影响。

作为记者，海明威很受欢迎。但他呕心沥血写成的小说，却没有报刊肯用。尤其令他伤心的是，退稿信上总是称他的作品为"速写录""短文",甚至说是"轶事",根本就不把他的稿件看成是文学创作。1924年,海明威辞去记者工作,专门从事文学创作。他没有固定的收入,又要养活刚出生的儿子,生活艰难可想而知。

1925年是海明威最为穷困潦倒的一年。妻子已经带着儿子离开了他。他除了通宵达旦地写作,只能把看斗牛当作娱乐。

第二年,海明威与波林结婚后不久,他的第一部长篇小说《太阳照常升起》问世,立即博得了一片喝彩声,被翻译成多种文字,成了20年代那一代人的典范之作。

这部小说用美国女作家斯泰因的一句话"你们都是迷惘的一代"作为题词,从而产生了一个文学流派——"迷惘的一代",而海明威就成了这个流派的代表。

普希金有一首我们都非常熟悉的短诗《假如生活欺骗了你》:"假如生活欺骗了你,不要忧郁,不要愤慨;不顺心时暂且忍耐。相信吧,快乐的日子将会到来。"

生活是不公平的,如果我们无法适应,因此怨天尤人,不敢面对现实,没有足够的勇气去接受现实的挑战,整天活在忧郁之中,那么我们等于被生活击垮。既然这样,我们不如去思考,如何更好地去适应生活的不公。唯有适应当下的环境,才会有机会去改变自己的处境。

不要奢望自己成为上天的宠儿,假如生活欺骗了你,给了你诸多不公平的待遇,那么请你接受比尔·盖茨的忠告:去适应它。

第十章

用"五六分"的力气，享受刚刚好的人生

生命之美好，不在于每时每刻的美好，而是因为丰富多彩而美好。热爱生命，不仅爱美好的结果，也热爱艰辛曲折的过程。

1. 珍惜生命，珍惜今天

杰克·伦敦那篇著名的小说《热爱生命》里，淘金人历尽苦难和艰辛，从死亡线上挣扎过来，使人们觉得人的生命力是多么强大，人的生存欲望是多么强烈，人在死亡的边缘才会深切感受到生的可贵。

只有失去过才知道拥有的可贵，然而生命不能做这样的游戏，因为生命只有一次。既然"人生难得"，所以，我们更应当珍惜这永不复再的生命。我们应当用虔敬的、感激的、清醒的态度和最大的热情、最大的勇气，去过好生命的每时每刻。

有个叫阿巴格的人生活在内蒙古草原上。有一次，年少的阿巴格和他爸爸在草原上迷了路，阿巴格又累又怕，到最后快走不动了。爸爸就从兜里掏出5枚硬币，把一枚硬币埋在草地里，把其余4枚放在阿巴格的手上，说："人生有5枚金币，童年、少年、青年、中年、老年各有一枚，你现在才用了一枚，就是埋在草地里的那一枚，你不能把5枚都扔在草原里，你要一点点地用，每一次都用出不同来，这样才不枉人生一世。今天我们一定要走出草原，你将来也一定要走出草原。世界很大，人活着，就要多走些地方，多看看，不要让你的金币没有用就扔掉。"在父亲的鼓励下，那天阿巴格走出了草原。长大后，阿巴格离开了家乡，成了一名优秀的船长。

很多人很想热爱生命，却不得不向生命告别。所以，活着就是一种幸福。当你可以活着、笑着、哭着、吃着、睡着，真真实实地感受到生命的流动易逝，你的存在就是一种幸福。活着，就是一种幸运。幸运的是你可以看到那和煦的阳光，幸运的是你可以呼吸着新鲜空气，幸运的是你可以自由地行走于天地间。

大仲马在《基督山伯爵》末尾写道，人类的全部幸福就在于希望和等待之中。希望是幸福，等待是幸福，活着是最大的幸福。如果失去生命，伟大的理想，幸福的生活，快乐的人生，这只能是我们脑海中的宏伟蓝图而已，只有活着，珍惜生命，才能实现美好的愿望。

人生路上，我们会无数次被自己的决定或碰到的逆境击倒、欺凌甚至碾得粉身碎骨，正如一张钞票被揉被碾一样，我们会觉得自己似乎一文不值。但无论发生什么，都要相信，我们的生命正如这张钞票一样，永远不会流失价值，我们要把自己的生命当成无价之宝。你要怀有健康而爱惜的目光善待自己的生命，你应该用自己的热情去维护、浇灌自己的生命之花，不要因生活中小小的不如意而私自扭曲生命的辉煌，更不能轻易放弃生命的脉搏。

生命在闪耀中现出绚烂，在平凡中现出真实。当你发现你所承担的角色有高低之分时，你要快乐、勇敢、自重，不要因为职业的低微而轻视自己，不要因为些许的不如意而自卑自弃，更不要因生活中出现的某个小插曲而让生命黯淡下去。

珍惜生命就要珍惜今天。昨天的太阳再也照不到今天的树叶，而今天的树叶再也不是昨天的那一片了。但我们要认真面对生命中的每一分钟，这样我们的生命年华才没有虚度。

2. 做一个快乐的职场人

不知道从什么时候起，你发现自己出现了"自我分离"的状态。出现在众人面前的时候，你微笑着的表情、穿戴整齐的打扮，及对待工作的一丝不苟，使大家觉得你是一个快乐且心态平和的人。而只有你自己知道，其实很多时候，你都是不快乐的。你心事重重，因为你觉得自己空虚；你百无聊赖，因为你觉得自己没钱；你天天做梦希望能住上豪华的房子，能中大奖……于是，你的工作成了鸡肋，食之无味！

其实，畅快聊天的时候，大口喝酒的时候，大声唱歌的时候，看一本好书、一部好电影的时候，听一首好歌的时候……你都可以那样地快乐。但是，你还没有调整好自己的心态，不懂得发现工作中的快乐。

相当多的职场人士将这种不快乐的心情互相传播，使大家都感到"累"。但其实，职场中人都明白，最主要的"累"不是因为工作紧张与压力，而是"心"苦、"心"累——下属反叛、领导压制、同事之间勾心斗角。

其实，如果你仔细想想，以上情况是不是只有职场中才有呢？我们身边不是也经常有这样的事情发生吗？若你不置身于职场，就不会如此闹心了吗？因此，如果你将职场看作是一个快乐的天堂，你就会发现，职场里有很多美妙和快乐等着你分享！

做一名快乐的职场人，首先你需要积极参与到职场中来。要知道，胜败与否不重要，积极参与是关键。

为了更愉快地生活，首先要愉快地面对办公室政治。对此，心理学家表示，只要办公室存在，你就无法逃避办公室政治。亚里士多德在两三千年以前就与他人分享他的智慧——人生本就是政治的动物。很多刚走出校门的同学对职场政治很反感，其实这没有什么可反感的，如果你用一颗正常的心来看待这件事，你就会发现，办公室政治也许不像你想象中的那么可怕。如果你闭上眼睛漠视办公室政治的存在，就如同关上电视拒绝看台风来袭般的不智，因为你迟早会被卷入其中，有所准备，才有存活的机会。

千万不要以为你周围的人每天都在想一些让你无法琢磨的诡计。其实，当你们面临同样的工作，彼此之间有竞争的时候，勾心斗角是不可避免的，而你面临的挑战是找到一个方法，游刃有余地控制并且试着享受。

一位专栏作家一针见血地说："办公室政治这场游戏，要是你不愿下场参与，那就不要抱怨升职无期、薪金原地踏步、人家对你视若无睹，甚至被解雇。"因此，在办公室里，不要假清高，如果你不玩办公室游戏，那么就等于你自动认输了！你不玩，连期待输赢的权利都没有了，生活不也同样没有乐趣了吗？

放下所有的不屑和无奈，办公室政治不过是多结交应交的朋友，少在同事间结怨，享受自己的办公室生活吧。

对于工作你没有办法选择，但是你却可以选择改变自己的态度。比如，面对自己总是出问题的工作，你就当是积累经验吧！要知道，不管是工作还是生活，每个人都会有一些惨淡的经历，这些经历足以让我们沮丧，感到这个世界简直是糟糕透顶了。但是，那些勇敢的人往往会用孟子的那段话来激励自己：天将降大任于斯人也，必先苦其心志……因此，那些经历又算什么呢？

和《鱼》的主人公玛丽·简比起来，你简直是太幸运了。玛丽·简的丈夫因病去世，留下一大笔拖欠的医药费和两个年幼的孩子，更糟糕的是，她接手了一个"反应迟钝、争权夺利、贫乏消极"的团队。对于工作的环境，玛丽·简在日记中记录道："工作中发生的任何情况都不能使他们兴奋起来。我下属有30名员工，其中多数做事缓慢、工作不饱和、工资很低。他们中有些人好几年都是按同样的方法重复着节奏缓慢的工作，简直是无聊之极。当我在小工作间走动时，空气中所有的氧气都好像被抽走了，令人几乎不能呼吸……"

一次午餐时间，为了逃避"三楼"那令人窒息的气氛，玛丽·简离开了办公大楼。闲逛中，走进了派克街鱼市，这里充溢着的快乐情绪与充满活力的气氛深深地打动了玛丽·简。

　　一个叫罗尼尔的鱼贩子向她讲述了这里的曾经和现在，她才了解到派克街鱼市也曾经和其他市场一样，重复着简单的工作和百无聊赖的时光，但一次讨论改变了这一切，并使得派克街成为世界著名的旅游胜地。

　　此后，在反复的接触中，玛丽·简从鱼市学到了几条重要的经验。其中一条就是选择自己的态度，内容是这样的——即使你无法选择工作本身，你可以选择采用什么方式工作，用玩的心情对待你的工作，快乐每一天；以阳光、幽默、愉快的心情对待每一个人，把你的注意力集中在快乐的工作上，就会产生一连串积极的情感反应。

　　如果你还不服气，可以问问自己是不是有时会说这样的话："我很讨厌这个上司""我觉得他很烦"……可是，你想过没有，这样的话很可能把你的职场生活搅乱。工作是你的，他跟你有什么相关？既然你那么讨厌他，为什么又因为他的存在而浪费掉自己积累经验的宝贵时机呢？

　　凡成大业者，必重"天时、地利、人和"三要素，没有良好的人际关系，在哪里都是无法生存的。能否愉快地工作除了你对工作的兴趣外，很大程度上取决于职场人际关系的好坏。人际关系好的人，整天乐呵呵，人人都愿意为他效劳。因此，在职场上你就不要用"合则来，不合则去"的随意态度来对待人际关系了。

　　只要你放弃以自我为中心的想法，放弃对他人的猜测和种种抱怨。相信自己的看法，意见没有绝对的对与错，任何事情都要经过切磋琢磨，才能得出最理想的结果。如此，你才能赢得大家的喜欢和尊敬；如此，你才能真正快乐起来！

3. 点亮心灯，一切都会慢慢好起来

我们之所以沉溺于悲伤，看不见光明，是因为我们忘记了打开窗户，光线自然照不进来；我们之所以时常茫然，时常丢失自己，是因为忘记了享受阳光。

我们虽然不能赶走室内的黑暗，但我们只需把光明放进去，黑暗自然就会逃走！

打破我们的消极心态也是如此。只需点亮心灯，一切都会慢慢好起来。

黄祯一直和丈夫过着拮据的生活，他们有两个孩子。可是，丈夫忽然患了癌症，为了支付昂贵的治疗费，她不仅花光了家里仅有的一点存款，而且还借了许多外债，但最终仍然没能挽回丈夫的生命。丈夫去世后，家里已经是一贫如洗，黄祯不得不努力赚钱养活自己和两个孩子。她以分期付款的方式买了一辆旧车，去为一家出版公司推销图书，没有固定薪水，全靠业务提成，收入毫无保障。

黄祯觉得孤独、沮丧，每天都有无数个担心：怕交不上购车贷款，怕交不起房租，怕没有足够的东西吃，怕付不起孩子的学费，怕突然生病而无钱看医生……她觉得生活毫无希望，想自杀以寻求解脱，但又怕孩子沦为可怜的孤儿。她真不知道如何熬过这样了无生趣的日子。

有一天，黄祯在一本书上看到了后来改变她命运的一句话："对一个聪明人来说，主动打开窗让阳光照进来，那么你每天都会拥有一个新的生命。"她忽然醒悟，原来自己一直活在昨天的不幸和明天的恐惧中，反而忽略了今天。

黄祯因为这句话激动了半天，她将其打印出来，一份贴在床头，一份贴在车子前面的挡风玻璃上。每天起床的时候，她对自己说："今天又是一个新的生命！"每天开车上路的时候，她也会对自己说："今天是多么美好的一天。"然后满怀希望地上路。

渐渐地，黄祯学会了忘记过去，不想未来，只想如何干好眼前的每一件事情。她的心情逐渐开朗了起来，她的笑容和乐观也感染了她的客户，销售业绩和个人收入成倍增长。她还清了债，经济状况得到了很好的改善。后来，她还遇到了一个好男人，又一次披上了婚纱，过上了幸福的生活。

人生如四季，有严寒与酷暑；人生如天气，有晴朗与风雨；人生如道路，有平坦与崎岖。但无论何时，把光线放进心中，就不会感觉悲伤抑郁。

一个悲观的女士去拜访一个乐观的女士。快走到时，悲观的女士看到了一扇漂亮的旋转门。她轻轻一推，门就旋转了起来。她随着玻璃门转进去，见乐观的女士正站在那里等她。

悲观的女士虔诚地问："我今天来是想向您请教，快乐有什么窍门？"乐观的女士用手指了指她的身后："就是你身后这扇门。"

悲观的女士回过头去，看见刚才自己走过的那扇旋转门正慢慢地旋转着，把外面的人带进来，把里面的人送出去。两边的人都顺着同一个方向进进出出，谁也不影响谁。

我们每个人的心里都有一扇门，不过材料不同罢了。有的人是带锁的木门，成功快乐时就打开，而失败痛苦时就关闭，把自己锁在黑暗里；有的人是旋转的玻璃门，不管成功还是失败，快乐还是痛苦，他的心灵之门总会旋转起来，把失败和痛苦旋转出去，让希望和未来旋转进来；有的人是一扇永远打不开的铁门，阳光照不进去，所以他们的内心就一直沉浸在黑暗之中。

人需要自由和向上的生活，需要阳光给我们带来生命的气息。不要再去思考人活着究竟有何意义，不要再因烦琐的工作而耽误你享受阳光的时间。生活需要阳光！请把窗户打开，让阳光洒进来！

4. 握住自己快乐的钥匙

有人说，快乐是一把钥匙，它可以打开所有的心结。的确如此，一个理智的人应该掌握这把钥匙，并运用自如。但是在现实生活中，很多人却总是将这把钥匙交给他人保管。

一位老师抱怨道："我很不快乐，因为班上有几个学生很调皮，总是不好好学习。"他把快乐的钥匙交到自己的学生手里；一位女士抱怨道："我很不快乐，因为我丈夫经常出差，家里总是空荡荡的。"她把快乐的钥匙交到丈夫的手里；一个年轻人说道："我很不快乐，因为我的老板要求十分苛刻，一点也不体谅下属。"他把快乐的钥匙交到了老板的手里。

其实，这些人都犯了同一个错误，那就是：让别人来掌控自己的心情！

让别人掌握我们的心情，是极为悲哀的一件事情，我们似乎什么也不能做，抱怨成为唯一的选择。况且，世人还爱将这一责任推到他人的身上："之所以这么痛苦，都是你造成的！"这样的人岂不是很可怜吗？生活中的你，是否也总是将快乐的钥匙交给他人保管呢？如果是的话，不妨赶快拿回来吧！

一个年轻人去拜访一位公司的高层领导，来到这位领导的办公室时，他看到了两幅漫画，画了两个不同的人，一个满脸都是笑，眼睛、鼻子、嘴角都往上翘，而上面正在掉元宝，这些元宝都一个不落地掉进了这个人的嘴中；而另外一个人则满脸不高兴，嘴巴噘得能挂一个油瓶，像个斗笠，上面掉下的元宝一个也没接住，全部掉在了地上。年轻人看后忍不住笑了，他开玩笑地说道："这两幅漫画真有意思。"

领导微笑着说："以前你不是总问我成功的秘诀是什么呢？其实如果说真的有秘诀，那么就在这两幅漫画中。"年轻人有些疑惑，问道："就这个？我不太明白……"

领导说："对，就这个。我每天走进办公室的时候，我遇到难题或是麻烦的时候，都会看着这两幅画，对自己说：任何时候，都选择快乐！"

年轻人若有所思，接着问："任何时候？可是总会有不如意的事情发生，那个时候你如何选择？"

领导语重心长地说："其实事情本身是没有快乐与痛苦的，这只是我们自己对事情产生的感受而已。同样一件事情，从不同的角度来看，就会有不同的感受。"

每个人的世界里，都难免会产生一些烦心事、苦恼事，倘若此时能够正确面对，挖掘出积极因素，便能将忧转化为喜，从"山穷水尽"直入"柳暗花明"。

世界上的许多事本来就无所谓好坏，面对一件事情，你是保持乐观豁达的心境还是自寻烦恼，全在你的一念之间。做自己认为正确的选择，并且尽自己最大的努力将其实现，那么，你永远都是快乐的。

5. 别老往坏处想，你会如愿

人生最大的痛苦莫过于跟自己过不去，一个人生活的幸福，完全取决于自己对待生活的态度。当你不能接纳生活、接纳自己时，你就会感觉生活是无边的苦海，人生就是煎熬。

其实，每个人都曾经有过"做人到底是为什么"的感慨，但，既然来到人世间做一个人，没办法，就得认命，接受自己是"人"的现实，接受自己要与几十亿人一起在地球村生活一段时间的现头。

不管你喜不喜欢，你都要在人世间奔波一生。你的人生旅途可能很长，也可能很短；你可能拥有很大的舞台成为明星，也可能被困在一个犄角旮旯里面自娱自乐；你的一生可能很灿烂，也可能很灰暗；你可能活得很滋润很开心，也可能活得很艰难很痛苦……但是，不管怎样，你得认命。

怎么认命？看自己的态度。

无可奈何、怨天尤人的认命，是一种认命。不过，这是听天由命，是低水平的认命，是放弃自己的认命。

高水平的认命恰恰相反，以积极的心态去面对现实，热情地拥抱自己的人生，承担做一个人的责任，控制自己的人生轨迹，享受做一个人的快乐。

20世纪中叶，欧洲的两个制鞋公司都想开发非洲市场，各自派出了一个业务代表去非洲。

一家公司的业务代表A先生，到非洲待了两天后，给公司发回了一个报告：非洲没有市场，因为这里的人都不穿鞋。

另一家公司的业务代表B先生，到非洲待了两天后，也给公司发回了一个报告：非洲的市场潜力很大，因为这里的人都不穿鞋。

很快，A先生返回欧洲，公司开拓新市场的计划泡汤了。B先生继续在非洲工作，在公司的支持下，坚持不懈地努力下，打开了非洲市场，获得了很好的效益，公司开拓新市场的计划成功了。

两个旅游团一前一后来到海滨风景区。因为刚刚经过台风和暴雨的洗礼，路面受到严重的破坏，到处坑坑洼洼，还有不少软软的凹洞，一不小心就会踩到。为防止游客摔倒或弄脏了鞋子，两个导游都很认真地提醒游客。

导游A对游客说："这里的路面很糟糕，到处都是坑，大家小心，不要摔倒了，不要踩到洞里。"游客们听了之后自然很小心，眼睛紧盯脚下，小心翼翼地走。有游客不慎踩到洞里，或是摔倒，更是引发一串骂声。一路上，游客的抱怨之声不绝于耳，旅游观光的好心情烟消云散。

导游B面带微笑，幽默地对游客说："大家注意了，我们现在走的是酒窝大道，只有经过狂风暴雨的洗礼后才有。大家这次来得很巧，可以尽情体会。不过，路上的一些酒窝比较喜欢游客，会用力把你拉到它的怀里，有的还很隐蔽。大家要小心一点，否则就不能和我们一起走了。"

游客们听了小王的这一番话，都笑了，放慢了脚步，把眼光瞄向脚下的坑坑洼洼的路面。一路上，游客们虽然走得慢，脸上的笑容却没有减少，没有什么人抱怨天气，陪伴着他们一路前行的是幽默的点评和一连串的欢声笑语。

境由心生！生活就像镜子，你对着这面镜子灿烂地笑，你得到的就是一个灿烂的世界；你对着这面镜子阴郁地哭，你得到的就是一个灰暗的世界。

北大的一个老师常对学生说："也许你家现在不富裕，但记住，贫困的仅仅是生活，而不是你。没有人有权利嘲笑你！"

人生的价值不仅仅是金钱，有了钱未必就有幸福和快乐跟随，穷人也自有穷人的幸福和快乐。一位作家说得好："如果你自以为穷，那你就真穷了！"

世界上穷人那么多，你也只不过有幸是其中之一，再说穷也不是终身制的，"就是一片树叶掉在地上，也有翻身的机会"，很多穷人不是也变成富人了吗？很多富人也不是生来就富的，因此，你又何苦自甘堕落、意志消沉？

你要想有力量去把握自己的人生轨迹，你的心灵里必须阳光灿烂。即使你经常受到阵阵"疾风"的伤害，也不要让自己的心灵充满阴云。否则，没有拥抱人生的热情，没有迈步前行的力量，人生轨迹只会被动地七扭八歪，你一辈子都会在郁郁寡欢中度过。

　　积极地认命！感谢父母把自己带到人间，热情地拥抱自己生活的世界，乐观、积极、坚强地面对自己作为一个人的现实，开开心心地去生活，去承担做一个人的责任，去享受做一个人的快乐！

6. 时刻扫除心灵上的灰尘

　　生命中的河流虽曾被污染，但涤尽流沙便可以见到清澈的本性。良好性格的明镜虽然蒙上尘土，但拭去灰尘终将闪光。大千世界，灰尘微不足道，它既不会遮挡视线，也不会遮盖心灵，但无数灰尘慢慢累积时，物体本相将会被掩盖直至变质，镜子不再明亮，金子不再闪光，人的呼吸不再顺畅。

　　现实如此，精神世界同样如此。就人类的心灵而言，它不是我们的头脑，也不是我们的心脏，总之它不是我们的肉体，但它就在我们的头脑里，在我们的心脏里，在我们的每一寸肌肤里。精神世界的灰尘就是每个人内心里的自私、贪欲等等。与现实的灰尘相比，精神世界的灰尘无影无形，更具隐蔽性，更容易在精神世界堆积，让生命失常，让心灵失色。

一个皇帝想要整修京城里的一座寺庙，他派人去找技艺高超的设计师，希望能够将寺庙整修得美丽而又庄严。

后来有两组人员被找来了，其中一组是京城里很有名的工匠与画师，另外一组是几个和尚。

由于皇帝不知道到底哪一组人员的手艺比较好，于是就决定先给他们机会做一个比较。

皇帝要求这两组人员各自去整修一个小寺庙，而这两个组互相面对面。三天之后，皇帝要来验收成果。

工匠们向皇帝要了一百多种颜色的颜料（漆），又要了很多工具；而让皇帝很奇怪的是，和尚们居然只要了一些抹布与水桶等简单的清洁用具。

三天之后，皇帝来验收。

他首先看了工匠们所装饰的寺庙，工匠们敲锣打鼓地庆祝工程的完成，他们用了非常多的颜料，以非常精巧的手艺把寺庙装饰得五颜六色。

皇帝满意地点点头，接着回过头来看看和尚们负责整修的寺庙。他看了一下就愣住了，和尚们所整修的寺庙没有涂上任何颜料，他们只是把所有的墙壁、桌椅、窗户等都擦拭得非常干净，寺庙中所有的物品都显出了它们原来的颜色，而它们光亮的表面就像镜子一般，无瑕地反射出从外面而来的色彩，那天边多变的云彩、随风摇曳的树影，甚至是对面五颜六色的寺庙，都变成了这个寺庙美丽色彩的一部分，而这座寺庙只是宁静地接受这一切。

皇帝被这庄严的寺庙深深地感动了，当然我们也知道最后的胜负了。

我们的心就像是一座寺庙，我们不需要用各种精巧的装饰来美化我们的心灵，我们需要的只是让内在原有的美，无瑕地显现出来。

如果你珍爱生命，请你修养自己的心灵。人总有一天会走到生命的终点，金钱散尽，一切都如过眼云烟，只有精神长存世间，所以人生的追求应该是一种境界。

在纷纷扰扰的世界上，心灵当似高山不动，不能如流水不安。居住在闹市，在嘈杂的环境之中，不必关闭门窗，只任它潮起潮落，风来浪涌，我自悠然如局外之人，没有什么能破坏心中的凝重。身在红尘中，而心早已出世，在白云之上，又何必"入山唯恐不深"呢？关键还是自己的心灵。

因此，必须学会扫除心灵上的灰尘。心灵的房间，需要经常打扫，才能永葆青春，活力长存。我们每天都要经历很多事情，开心的，不开心的，都在心里安家落户。有些痛苦的情绪和不愉快的记忆，如果充斥在心里，就会使人萎靡不振。所以，扫地除尘，能够使黯然的心变得明亮；把一些无谓的争端扔掉，生存就有了更多更大的空间。

7. 一味贪多，只会适得其反

有一位青年人，曾经豪情万丈地为自己树立了许多目标，并希望在各方面都取得令人瞩目的成就。然而几年下来，却是一事无成，这让他痛苦万分，于是就想要去找智者为自己指点迷津。

当青年人找到智者时，智者正在河边小屋里读书。他微笑着听完青年的倾诉，对他说："来，你先帮我烧壶开水！"

青年看见墙角放着一把极大的水壶，旁边是一个小火灶，可是没发现柴火，于是便出去找。

他在外面拾了一些枯枝回来，装满一壶水，放在灶台上，在灶内放了一些柴便烧了起来，可是由于壶太大，那捆柴烧尽了，水也没烧开。于是他跑出去继续找柴，回来的时候那壶水已经凉得差不多了。这回他学聪明了，没有急于点火，而是再次出去找了些柴，由于柴准备充足，水不一会就烧开了。

这时智者问他："如果没有足够的柴，你该怎样把水烧开？"

青年想了一会，摇了摇头。

智者说："如果那样，就把水壶里的水倒掉一些！"

青年若有所思地点了点头。

"你一开始树立了太多的目标，并都急切地想要实现它们，就像这个大水壶装了太多水一样，而你又没有足够的柴，所以不能把水烧开，要想把水烧开，你或者倒出一些水，或者先去准备柴！"智者接着说。

青年恍然大悟。回去后，他把计划中所列的目标去掉了许多，只留下了自己最想要达到的目标，同时利用业余时间学习各种专业知识。几年后，他的目标基本上都实现了。

我们常常听别人提起自己爱好广泛，三十六行都可以精通，但越是这样的人，他们最后越不可能在某一个领域达到巅峰状态。因为他们的精力完全散开了，目标太多，孰重孰轻都不知道，所以，他们不可能有大的作为。

走路的时候，遇到很多分岔口，如果偏离主路，去走那些分岔路，你可能会越走越远，那么就可能到不了目的地。我们在生活或是工作中，必须有一个明确的目标。比如说想要成为一名音乐家，你就必须每天专注于研究乐理，研究曲谱，勤于练习，有一项自己擅长弹奏的乐器；如果想成为一名设计师，那么你就必须把自己的精力放到艺术设计方面，勤于绘画，平时多看一些艺术作品，汲取灵感，还要有一双善于发现的眼睛，时刻收集艺术方面的元素，在创作中加以使用。

很久以前，有一位修行很深的高僧隐居在山林中，但他的名声依旧很大，也很受人尊敬。人们都不远千里来寻找他，希望可以跟他学到一些生活方面的窍门。一次，高僧正从山谷里挑水。人们注意到，他挑得不多，甚至比平常人挑的都少，两只木桶里的水都远远没有装满。可是高僧为什么不把桶挑满呢？

他们不解地问："高僧，这是什么道理？"

高僧回答："挑水之道并不在于挑多，而在于挑得够用。一味贪多，只会适得其反。"

众人更加不解了。

于是，高僧让他们中的一个人，重新从山谷里打了满满的两桶水。

那人挑得非常吃力，摇摇晃晃，没走几步，就跌倒在地，水全都洒了，那人的膝盖也摔破了。

看到这种情景，高僧说："水洒了，不是还得再打一桶吗？膝盖破了，走路艰难，岂不是比刚才挑得还少吗？"

众人问道："那么请问高僧，具体该挑多少，怎么估计呢？"

高僧笑道："你们看这个桶。"

众人看去，桶里画了一条线。

高僧说："这条线是底线，水绝对不能高于这条线，高于这条线就意味着超过了自己的能力和需要。起初还需要画一条线，挑的次数多了以后，就不用看那条线了，凭感觉就知道是多是少。有这条线，就可以提醒我们，凡事要尽力而为，也要量力而行，不可强争人先。"

一个人要想在某一个领域内成为大师，必须专注于此项目标，不能因为外界的诱惑而改变自己当初的目标。千万不要等自己爬到梯子的顶端，才发现梯子靠错了墙。只要志在必得，你就可以排除万难。

"万事皆以单纯为美德"。对于一个生命单纯的人，无论任何艰苦困难的境遇，都不足以动摇他的心志，好比骤雨落入大海，起不了什么变化。目标是人生最大的醒悟剂。贪图遥不可及的梦想，却遗忘自己身边最实际的心愿，是一种疏失；能够借助生活沿途的薪材，一路架构，才是真的生活者、成功者。凡事向前看，梦想就会浮出水面。抱最大的希望，做最多的努力，有最坏的打算。

8. 没有过不去的事，只有放不下的心

我们常说，"命里有时终须有，命里无时莫强求"，但事到临头，我们不是倒向"莫强求"的消极念头，就是倒向"不松手"的执着顽固。

从前，在一片茫茫的沙漠中有一个小村子，村中的人们守着一片绿洲过了几千年。偶尔，当沙漠中风沙四起，或者绿洲干涸时，村里的人便会遭受巨大的折磨。一代又一代的人总是抱怨着上天的不公平，却从未尝试从这里走出去。他们一直留在原地，并且固执地相信这片沙漠是走不出去的。

有一天，村子里来了一位云游四方的老禅师，人们围住他劝他不要再继续往前走，他们说："这片沙漠是走不出去的，我们祖祖辈辈都在这里，你就不要再去冒险了！"老禅师问："你们在这里生活得幸福吗？"村民们说："虽然环境有些险恶，但是也没有什么不可忍受的。没有幸福，也没有不幸福。"老禅师又问："那么你们有没有尝试走出这片沙漠呢？你们看，我不是走进来了吗？那就一定能走出去！"村民们反问："为什么要走出去呢？"老禅师摇摇头，拄着拐杖又上路了。他白天休息，晚上看着北斗星赶路。三天三夜之后，他走出了村民们几千年也没有走出的沙漠。

村民们接受了命运的安排，默默地承受着恶劣环境的折磨，甚至没有动过改变这种现实的念头，几千年来日复一日地过着相同的日子。"哀其不幸，怒其不争"，老禅师之所以摇头也正是为此。

正如佛劝解世人所说的那样："世界上，根本没有过不去的事，只有过不去的心。"有时候，过不去的心表现为不去努力争取本来可以做到的事，而是随波逐流，空耗余生。就像上面的故事说的一样。

还有时候，过不去的心表现为不愿意放弃我们曾经拥有的东西，比如财富、爱情……

有一个关于前世今生的故事，说在很久以前，有个书生和未婚妻约好，在某年某月某日结婚。可是到了那一天，未婚妻竟嫁给了别人。书生受此打击，一病不起。家人用尽各种办法都无能为力，只能无奈地看着他奄奄一息，行将远去。

这时，一个云游僧人路过此地。在得知情况后，僧人决定点化一下书生。于是他来到书生的床前，从怀里摸出一面镜子让他看。书生看到茫茫大海，一名遇害的女子一丝不挂地躺在海滩上。路过一人，看一眼，摇摇头，离开了；又路过一人，看了看，将自己的衣服脱下来给女尸盖上，但是站了一会儿也离开了；又一位路人走来，挖下一个坑，小心翼翼地将尸体掩埋了。书生正在疑惑间，忽然看到画面切换：洞房花烛夜，自己的未婚妻被她的丈夫掀起盖头。书生不明所以，迷惑地望向僧人。

僧人解释说："海滩上的那具女尸，就是你未婚妻的前世，你是第二个路过的人，曾给过她一件衣服。她今生和你相恋，只为还你一个情。但她要报答一生一世的人，是最后那个把她掩埋的人，那个人就是她现在的丈夫。"书生大悟，刷地从床上坐起，病竟然痊愈了！

尘世间的一切，都是无数因缘聚合而成，我们既要有追求的勇气，也要有懂得放手的睿智。有一句有名的祈祷词："上帝，请赐给我们胸襟和雅量，让我们平心静气地去接受不可改变的事情；请赐给我们力量去改变可以改变的事情；请赐给我们智能，去区分什么是可以改变的，什么是不可以改变的。"

当你碰到突如其来的灾难时，如果已成事实，那不妨坦然、从容地接受它。接受现实，并不等于束手接受所有的不幸。只要有任何可以挽救的机会，我们就应该奋斗。但是，当我们发现情势已不能挽回时，我们最好就不要再思前想后，拒绝面对；要接受不可更改的事实，只有如此，才能在人生的道路上掌握好平衡。